*Nouvelle Collection scientifique*

Directeur : Émile Borel

# Les Atomes

PAR

## JEAN PERRIN

Professeur de chimie physique à la Faculté des sciences de Paris,

AVEC 13 FIGURES

LIBRAIRIE FÉLIX ALCAN

# LES ATOMES

# LES ATOMES

PAR

## JEAN PERRIN

Professeur de chimie physique à la Faculté des Sciences
de Paris.

———

**Avec 13 figures.**

———

LIBRAIRIE FÉLIX ALCAN

1913

*A la mémoire*

*de*

# NOËL BERNARD

# PRÉFACE

Deux genres d'activité intellectuelle, également instinctifs, ont joué un rôle considérable dans le progrès des sciences physiques.

L'un de ces instincts est déjà manifeste chez l'enfant, qui, tenant un objet, sait très bien ce qui arrivera s'il le lâche. Il n'a peut-être jamais soutenu cet objet, et, en tous cas, jamais exactement de la même façon ; mais il reconnaît quelque chose de commun dans la sensation musculaire actuelle et dans celles qu'il a déjà éprouvées quand il a tenu des objets qui, une fois lâchés, sont tombés. Des hommes tels que Galilée ou Carnot, qui possédaient à un degré extraordinaire cette *Intelligence des Analogies*, ont ainsi créé l'Énergétique par généralisations progressives, prudentes et hardies tout ensemble, de relations expérimentales et de réalités sensibles.

Ils ont observé, tout d'abord, ou pour mieux dire nous avons tous observé, non seulement qu'un objet tombe si on le lâche, mais aussi qu'une fois par terre il ne remonte pas *tout seul*.



JEAN PERRIN. — *a*

Il faut *payer* pour faire monter un ascenseur, et payer d'autant plus cher que cet ascenseur est plus lourd et monte plus haut. Bien entendu, le prix véritable n'est pas une somme d'argent, mais la répercussion réelle extérieure (abaissement d'une masse d'eau, combustion de charbon, modification chimique dans une pile), dont cet argent n'est que le signe.

Ceci bien établi, on devait naturellement se préoccuper de payer le moins cher possible. Nous savons par exemple, au moyen d'un treuil, élever 1 tonne de 1 mètre en laissant descendre 100 kilogrammes de 10 mètres ; est-il possible de réaliser un mécanisme plus économique permettant pour le même prix (100 kilogrammes abaissés de 10 mètres) d'élever 1 200 kilogrammes de 1 mètre ?

Galilée comprit que cela reviendrait en somme à dire que, dans certaines conditions, 200 kilogrammes peuvent s'élever de 1 mètre sans répercussion extérieure, « pour rien ». Si nous ne croyons pas cela possible, nous devons admettre *l'équivalence des mécanismes* qui achètent l'élévation d'un poids par l'abaissement d'un autre poids.

De même (et cette observation généralisée donne toute la calorimétrie), si on fond de la glace en refroidissant du mercure de 100° à 0°, on trouve toujours 42 grammes de glace fondue par kilogramme de mercure employé, que l'on opère par contact ou par rayonnement ou de toute autre manière (pourvu que tout se réduise à de la glace fondue et à du mercure refroidi de 100° à 0°). Plus instructives encore ont été les expériences où, en faisant intervenir le frottement, on produit un échauffement par un abaissement de poids (Joule). Si profondément que l'on change le mécanisme qui enchaîne les deux phénomènes, on trouve invariablement 1 grande calorie pour 428 kilogrammes abaissés de 1 mètre.

De proche en proche, on a ainsi obtenu le Premier Principe de la Thermodynamique, auquel on peut, je pense, donner l'énoncé suivant :

*Si avec un certain mécanisme on sait enchaîner deux phénomènes de façon que chacun d'eux soit l'unique répercussion de l'autre, il n'arrivera jamais, de quelque façon qu'on change le mécanisme employé, qu'on obtienne comme effet extérieur de l'un de ces phénomènes, d'abord l'autre, et, en surplus, encore un autre phénomène, qui représenterait un bénéfice* [1].

Sans entrer dans autant de détails, c'est bien encore un procédé de même sorte que Sadi Carnot a mis en œuvre lorsque, saisissant le caractère essentiel commun à toutes les machines

---

1. A moins que cet autre phénomène soit de ceux dont on sait déjà qu'ils peuvent se produire ou disparaître sans répercussion extérieure (tel est, d'après une loi de Joule, un changement isotherme du volume d'une masse gazeuse). En ce cas, au reste, le bénéfice peut encore être regardé comme nul.

à feu, il a fait observer que la production de travail s'y trouve toujours accompagnée « par le passage de calorique d'un corps où la température est plus élevée à un autre où elle est plus basse ». Et l'on sait que cette observation, convenablement discutée, donne le Second Principe de la Thermodynàmique.

Pour atteindre l'un ou l'autre de ces principes, on a mis en évidence des analogies, on a généralisé des résultats d'expérience, mais les raisonnements ou les énoncés n'ont fait intervenir que des objets qui peuvent être observés ou des expériences qui peuvent être faites. Aussi Ostwald a justement pu dire qu'en Énergétique on ne fait pas d'*hypothèses*. Sans doute, si l'on invente une machine nouvelle, on affirmera tout de suite qu'elle ne peut pas créer de travail, mais on peut aussitôt s'en assurer, et l'on ne peut appeler hypothèse une affirmation qui, sitôt formulée, peut être contrôlée par une expérience.

Or il est des cas où c'est au contraire l'hypothèse qui est instinctive et féconde. Si nous étudions une machine, nous ne nous bornons pas à raisonner sur les pièces visibles, qui pourtant ont seules pour nous de la réalité tant que nous ne pouvons pas démonter la machine. Certes nous observons de notre mieux ces pièces visibles, mais nous cherchons aussi à *deviner* quels engrenages, quels organes *cachés* expliquent les mouvements apparents.

Deviner ainsi l'existence ou les propriétés d'objets qui sont encore au delà de notre connaissance, *expliquer du visible compliqué par de l'invisible simple*, voilà la forme d'intelligence intuitive à laquelle, grâce à des hommes tels que Dalton ou Boltzmann, nous devons l'Atomistique, dont ce livre donne un exposé.

Il va de soi que la méthode intuitive n'a pas à se limiter à la seule Atomistique, pas plus que la méthode inductive ne doit se limiter à l'Énergétique. Un temps viendra peut-être où les atomes, enfin directement perçus, seront aussi faciles à observer que le sont aujourd'hui les microbes. L'esprit des atomistes actuels se retrouvera alors chez ceux qui auront hérité le pouvoir de deviner, derrière la réalité expérimentale devenue plus vaste, quelque autre structure cachée de l'Univers.

Je ne vanterai pas aux dépens de l'autre l'une des deux méthodes de recherche, comme trop souvent on l'a fait. Certes, pendant ces dernières années, l'intuition l'a emporté sur l'induction, au point de renouveler l'Énergétique elle-même par l'application de procédés statistiques empruntés à l'Atomistique. Mais cette fécondité plus grande peut fort bien être passagère, et je n'aperçois aucune raison de regarder comme improbable quelque prochaine série de beaux succès où nulle hypothèse invérifiable n'aurait joué de rôle.

*
* *

Sans peut-être qu'il y ait là nécessité logique, induction et intuition ont jusqu'ici fait un usage parallèle de deux notions déjà familières aux philosophes grecs, celle du *Plein* (ou du continu) et celle du *Vide* (ou du discontinu).

A ce sujet, et plutôt pour le lecteur qui vient de terminer ce livre que pour celui qui va le commencer, je voudrais faire quelques remarques dont l'intérêt peut être de donner une justification objective à certaines exigences logiques des mathématiciens.

Nous savons tous comment, avant définition rigoureuse, on fait observer aux débutants qu'ils ont déjà l'idée de la continuité. On trace devant eux une belle courbe bien nette, et l'on dit, appliquant une règle contre ce contour : « Vous voyez qu'en chaque point il y a une tangente. » Ou encore, pour donner la notion déjà plus abstraite de la vitesse vraie d'un mobile en un point de sa trajectoire, on dira : « Vous sentez bien, n'est-ce pas, que la vitesse moyenne entre deux points voisins de cette trajectoire finit par ne plus varier appréciablement quand ces points se rapprochent indéfiniment l'un de l'autre. » Et beaucoup d'esprits en effet, se souvenant que pour certains mouvements familiers il en paraît bien être ainsi, ne voient pas qu'il y a là de grandes difficultés.

Les mathématiciens, pourtant, ont bien compris le défaut de rigueur de ces considérations dites géométriques, et combien par exemple il est puéril de vouloir démontrer, en traçant une courbe, que toute fonction continue admet une dérivée. Si les fonctions à dérivée sont les plus simples, les plus faciles à traiter, elles sont pourtant l'exception ; ou, si l'on préfère un langage géométrique, les courbes qui n'ont pas de tangente sont la règle, et les courbes bien régulières, telles que le cercle, sont des cas fort intéressants, mais très particuliers.

Au premier abord, de telles restrictions semblent n'être qu'un exercice intellectuel, ingénieux sans doute, mais en définitive artificiel et stérile, où se trouve poussé jusqu'à la manie le désir d'une rigueur parfaite. Et, le plus souvent, ceux auxquels on parle de courbes sans tangentes ou de fonctions sans dérivées commencent par penser qu'évidemment la nature ne présente pas de telles complications, et n'en suggère pas l'idée.

C'est pourtant le contraire qui est vrai, et la logique des mathématiciens les a maintenus plus près du réel que ne faisaient les représentations pratiques employées par les physiciens. C'est ce qu'on peut déjà comprendre en songeant, sans parti pris simplificateur, à certaines données tout expérimentales.

De telles données se présentent en abondance quand on étudie les *colloïdes*. Observons, par exemple, un de ces flocons blancs qu'on obtient en salant de l'eau de savon. De loin, son contour peut sembler net, mais sitôt qu'on s'approche un peu, cette netteté s'évanouit. L'œil ne réussit plus à fixer de tangente en un point : une droite qu'on serait porté à dire telle, au premier abord, paraîtra aussi bien, avec un peu plus d'attention, perpendiculaire ou oblique au contour. Si l'on prend une loupe, un microscope, l'incertitude reste aussi grande, car, chaque fois qu'on augmente le grossissement, on voit apparaître des anfractuosités nouvelles, sans jamais éprouver l'impression nette et reposante que donne, par exemple, une bille d'acier poli. En sorte que, si cette bille donne une image utile de la continuité classique, notre flocon peut tout aussi logiquement suggérer la notion plus générale des fonctions continues sans dérivées.

Et ce qu'il faut bien observer, c'est que l'incertitude sur la position du plan tangent en un point du contour n'est pas tout à fait du même ordre que l'incertitude qu'on aurait à trouver la tangente en un point du littoral de la Bretagne, selon qu'on utiliserait pour cela une carte à telle ou telle échelle. Selon l'échelle, la tangente changerait, mais chaque fois on en placerait une. C'est que la carte est un dessin conventionnel, où, par construction même, toute ligne a une tangente. Au contraire, c'est un caractère essentiel de notre flocon (comme au reste du littoral, si au lieu de l'étudier sur une carte on le regardait lui-même de plus ou moins loin), que, à toute échelle, on *soupçonne*, sans les voir tout à fait bien, des détails qui empêchent absolument de fixer une tangente.

Nous resterons encore dans la réalité expérimentale, si, mettant l'œil au microscope, nous observons le mouvement brownien qui agite toute petite particule en suspension dans un fluide. Pour fixer une tangente à sa trajectoire, nous devrions trouver une limite au moins approximative à la direction de la droite qui joint les positions de cette particule en deux instants successifs très rapprochés. Or, tant que l'on peut faire l'expérience, cette direction varie follement lorsque l'on fait décroître la durée qui sépare ces deux instants. En sorte que ce qui est suggéré par cette étude à l'observateur sans préjugé, c'est encore la fonction sans dérivée, et pas du tout la courbe avec tangente.

J'ai d'abord parlé de contour ou de courbe, parce qu'on utilise d'ordinaire des courbes pour donner la notion de continu, pour la représenter. Mais il est logiquement équivalent, et physiquement il est plus général, de rechercher comment varie d'un point à l'autre d'une matière donnée, une propriété quelconque, telle que la densité, ou la couleur. Ici encore, nous allons voir apparaître le même genre de complications.

L'idée classique est bien certainement que l'on

peut décomposer un objet quelconque en petites parties pratiquement homogènes. En d'autres termes, on admet que la *différenciation* de la matière contenue dans un certain contour devient de plus en plus faible quand ce contour va en se resserrant de plus en plus.

Or, loin que cette conception soit imposée par l'expérience, j'oserai presque dire qu'elle lui correspond rarement. Mon œil cherche en vain une petite région « pratiquement homogène », sur ma main, sur la table où j'écris, sur les arbres ou sur le sol que j'aperçois de ma fenêtre. Et si, sans me montrer trop difficile, je délimite une région à peu près homogène, sur un tronc d'arbre par exemple, il suffira de m'approcher pour distinguer sur l'écorce rugueuse les détails que je soupçonnais seulement, et pour, de nouveau, en soupçonner d'autres. Puis, quand mon œil tout seul deviendra impuissant, la loupe, le microscope, montrant chacune des parties successivement choisies à une échelle sans cesse plus grande, y révéleront de nouveaux détails, et encore de nouveaux, et quand enfin j'aurai atteint la limite actuelle de notre pouvoir, l'image que je fixerai sera bien plus différenciée que ne l'était celle d'abord perçue. On sait bien, en effet, qu'une cellule vivante est loin d'être homogène, qu'on y saisit une organisation complexe de filaments et de granules plongés dans un plasma irrégulier, où l'œil devine des choses qu'il se fatigue inutilement à vouloir préciser. Ainsi le fragment de matière qu'on pouvait d'abord espérer à peu près homogène, apparaît indéfiniment spongieux, et nous n'avons absolument aucune présomption qu'en allant plus loin on atteindrait enfin « de l'homogène », *ou du moins de la matière où les propriétés varieraient régulièrement d'un point à l'autre.*

Et ce n'est pas seulement la matière vivante qui se trouve ainsi indéfiniment spongieuse, indéfiniment différenciée. Le charbon de bois qu'on eût obtenu en calcinant l'écorce tout à l'heure observée, se fût montré de même indéfiniment caverneux. La terre végétale, la plupart des roches elles-mêmes ne semblent pas facilement décomposables en petites parties homogènes. Et nous ne trouvons guère comme exemples de matières régulièrement continues que des cristaux comme le diamant, des liquides comme l'eau, ou des gaz. En sorte que la notion du continu résulte d'un choix en somme arbitraire de notre attention parmi les données de l'expérience.

Il faut reconnaître au reste qu'on peut souvent, bien qu'une observation un peu attentive fasse ainsi généralement découvrir une structure profondément irrégulière dans l'objet que l'on étudie, représenter très utilement de façon approchée par des fonctions continues les propriétés de cet objet. Bien simplement, quoique le bois soit indéfiniment spongieux, on peut utilement parler de la surface d'une poutre qu'on veut peindre ou du volume déplacé par un radeau. En d'autres termes, à certains grossissements, pour certains procédés d'investigation, le continu régulier peut représenter les phénomènes, un peu comme une feuille d'étain qui enveloppe une éponge, mais qui n'en suit pas vraiment le contour délicat et compliqué.

*⁎*
*⁎ ⁎*

Si enfin nous cessons de nous limiter à notre vision actuelle de l'Univers, et si nous attribuons à la Matière la structure *infiniment* granuleuse que suggèrent les résultats obtenus en Atomistique, alors nous verrons se modifier bien singulièrement les possibilités d'une application *rigoureuse* de la continuité mathématique à la Réalité.

Qu'on réfléchisse, par exemple, à la façon dont se définit la densité d'un fluide compressible (de l'air par exemple), en un point et à un instant fixés. On imagine une sphère de volume $v$ ayant ce point pour centre, et qui à l'instant donné contient une masse $m$. Le quotient $m/v$ est la densité moyenne dans la sphère, et l'on entend par densité *vraie* la valeur limite de ce quotient. Cela revient à dire qu'à l'instant donné la densité moyenne dans la petite sphère est pratiquement constante au-dessous d'une certaine valeur du volume. Et, en fait, cette densité moyenne, peut-être encore notablement différente pour des sphères de 1.000 mètres cubes et de 1 centimètre cube, ne varie plus de 1 millionième quand on passe du centimètre cube au millième de millimètre cube. Pourtant, même entre ces limites de volume (dont l'écart dépend au reste beaucoup des conditions d'agitation du fluide), des variations de l'ordre du milliardième se produisent irrégulièrement.

Diminuons toujours le volume. Loin que ces fluctuations deviennent de moins en moins importantes, elles vont être de plus en plus grandes et désordonnées. Aux dimensions où le mouvement brownien se révèle très actif, mettons pour le dixième de micron cube, elles commencent (dans l'air) à atteindre le millième ; elles sont du cinquième quand le rayon du sphérule imaginé devient de l'ordre du centième de micron.

Un bond encore : ce rayon devient de l'ordre du rayon moléculaire. Alors, en général (du moins pour un gaz), notre sphérule se trouve entièrement dans le vide intermoléculaire, et la densité moyenne y restera désormais nulle : la densité *vraie* est nulle au point qu'on nous a donné. Mais, une fois sur mille peut-être, ce point se sera trouvé à l'intérieur d'une molécule, et la densité moyenne va être alors comparable à celle de l'eau, soit mille fois supérieure à ce qu'on appelle couramment la densité vraie du gaz.

Réduisons toujours notre sphérule. Bientôt, sauf hasard très exceptionnel, en raison de la structure prodigieusement lacunaire des atomes, il va se trouver et restera désormais vide : la densité vraie, au point choisi, est encore nulle. Si pourtant, ce qui n'arrivera pas une fois sur un million de cas, le point donné se trouve intérieur à un corpuscule ou au noyau central de l'atome, la densité moyenne grandira énormément quand le rayon diminuera, et deviendra plusieurs millions de fois plus grande que celle de l'eau.

Si le sphérule se contracte encore, il se peut que du continu soit retrouvé, jusqu'à un nouvel ordre de petitesse, mais plus probablement (surtout pour le noyau atomique, où la radioactivité révèle une extrême complication) la densité moyenne redeviendra bientôt et restera nulle, ainsi que la densité vraie, sauf pour certaines positions très rares, où elle atteindra des valeurs colossalement plus élevées que les précédentes.

Bref, le résultat suggéré par l'Atomistique est le suivant : la densité est partout nulle, sauf pour un nombre infini de points isolés où elle prend une valeur infinie [1].

On fera des réflexions analogues pour toutes les propriétés qui, à notre échelle, semblent régulièrement continues, telles que la vitesse, la pression, la température. Et nous les verrons

---

1. J'ai simplifié la question. En réalité le temps intervient, et la

devenir de plus en plus irrégulières, à mesure que nous augmenterons le grossissement de l'image toujours imparfaite que nous nous faisons de l'Univers. La densité était nulle en tout point, sauf exceptions; plus généralement, la fonction qui représente la propriété physique étudiée (mettons que ce soit le potentiel électrique) formera dans le vide intermatériel un continuum présentant une infinité de points singuliers, et dont les mathématiciens nous permettront de poursuivre l'étude [1].

Une matière indéfiniment discontinue, trouant par des étoiles minuscules un éther continu, voilà donc l'idée qu'on pourrait se faire de l'Univers, si l'on ne se rappelait avec J.-H. Rosny aîné que *toute* formule, si vaste soit-elle, impuissante à étreindre une Diversité qui n'a pas de limites, perd fatalement toute signification quand on

---

densité moyenne, définie dans un petit volume $v$ entourant le point donné *à un instant donné,* doit se rapporter à une petite durée $\tau$ comprenant cet instant. La masse *moyenne* dans le volume $v$ pendant la durée $\tau$ serait du genre $\frac{1}{\tau}\int_0^\tau mdt$, et la densité moyenne est une dérivée seconde par rapport au volume et au temps. Sa représentation par une fonction de deux variables ferait intervenir des surfaces infiniment bossuées.

1. Tous ceux qui s'intéressent à cette étude, auront grand profit à lire les travaux de M. Émile Borel, et tout d'abord la très belle conférence sur « Les Théories moléculaires et les Mathématiques » (Inauguration de l'Université de Houston, et Revue générale des Sciences, novembre 1912), où il a fait comprendre comment l'analyse mathématique, jadis créée pour les besoins de la Physique du continu, peut aujourd'hui être renouvelée par la Physique du discontinu.

s'écarte beaucoup des conditions où notre connaissance s'est formée.

Ce qu'on vient de comprendre en considérant un centre sans cesse plus ténu, nous pourrions le dire en songeant à une sphère sans cesse élargie, englobant successivement Planète, Système solaire, Étoiles, Nébuleuses. Et nous retrouverions l'impression, devenue familière, que traduisait Pascal lorsqu'il nous montrait l'Homme « suspendu entre deux infinis ».

Parmi ceux dont l'Intelligence glorieuse sut ainsi contempler la Nature « en sa haute et pleine majesté », on comprendra que j'aie choisi, pour lui faire hommage de mon effort, l'Ami disparu qui m'apprit la force que donnent, dans la recherche scientifique, un enthousiasme réfléchi, une énergie que rien ne lasse, et le Culte de la Beauté.

# LES ATOMES

## CHAPITRE PREMIER

## LA THÉORIE ATOMIQUE ET LA CHIMIE

### Molécules.

Il y a vingt-cinq siècles peut-être, sur les bords de la mer divine, où le chant des aèdes venait à peine de s'éteindre, quelques philosophes enseignaient déjà que la Matière changeante est faite de grains indestructibles en mouvement incessant, Atomes que le Hasard ou le Destin auraient groupés au cours des âges selon les formes ou les corps qui nous sont familiers. Mais nous ne savons presque rien de ces premières théories. Ni Moschus de Sidon, ni Démocrite d'Abdère ou son ami Leucippe ne nous ont laissé de fragments qui permettent de juger ce qui, dans leur œuvre, pouvait avoir quelque valeur scientifique. Et, dans le beau poème, déjà bien postérieur, où Lucrèce exposa la doctrine d'Épicure, on ne trouve rien qui fasse comprendre quels faits ou quels raisonnements avaient guidé l'intuition grecque.

**1. — Persistance des corps composants dans les mélanges.** — Sans nous inquiéter de savoir si on a réellement commencé par là, observons qu'on peut être conduit à attribuer une structure discontinue aux corps mêmes qui semblent, comme l'eau, parfaitement homogènes, rien qu'en réfléchissant aux propriétés si familières des solutions. Nous disons tous, par exemple, après avoir dissous du sucre dans de l'eau, que le sucre et l'eau subsistent dans la solution, bien qu'on ne puisse pas distinguer des parties différentes les unes des autres dans de l'eau sucrée. De même, si l'on verse un peu de brome dans du chloroforme, tout le monde continuera à *reconnaître* dans le liquide homogène ainsi obtenu, par leur couleur ou leur odeur, le brome ou le chloroforme constituants.

Cela se comprendrait facilement si ces corps subsistaient dans ce liquide, comme subsistent à côté les unes des autres les parcelles de poudres qu'on mélange, parcelles qu'on peut alors cesser de distinguer, même de près, et dont on peut cependant reconnaître la nature (au goût ou à la couleur par exemple, comme il arriverait si on avait la fantaisie de mélanger intimement du sucre en poudre et de la fleur de soufre). De même, la persistance des propriétés du brome et du chloroforme dans le liquide qu'on obtient en mêlant ces corps tient peut-être à ce que, dans ce liquide, se trouvent simplement juxtaposées (mais non modifiées), de petites particules qui à elles toutes seules formeraient du brome, et d'autres particules qui, prises de même seules ensemble, formeraient du chloroforme. Ces particules élémentaires, ces *molécules*, se retrouveraient dans tous les mélanges où l'on reconnaît le brome ou le chloroforme, et leur extrème petitesse nous empêcherait seule de les percevoir individuellement. De plus, comme le brome (ou le chloroforme) est un *corps pur*, en ce sens que jamais aucune observation n'a permis d'y reconnaître les propriétés de composants dont il serait le mélange, nous penserons que ses molécules sont faites de la même substance.

Mais elles pourraient être de dimensions diverses, comme les parcelles qui forment la poudre de sucre ou la fleur de soufre ; elles pourraient même être des gouttelettes minuscules, éventuellement capables de se souder ou de se diviser sans perdre leur nature. C'est là un genre d'indétermination qui se rencontre souvent en physique lorsqu'on est conduit à préciser une hypothèse d'abord présentée de façon vague. On poursuit alors aussi loin que possible les conséquences de chacune des précisions particulières qui se présentent à l'esprit. La nécessité de rester en accord avec l'expérience ou simplement une évidente stérilité font bientôt renoncer à la plupart de ces tentatives, que l'on ne songe même plus ensuite à mentionner.

**2. — Une sorte bien déterminée de molécules constitue chaque espèce chimique. —** Dans le cas présent, une seule des précisions que l'on a su imaginer s'est montrée féconde. On a supposé que les molécules dont se compose un corps pur sont rigoureusement identiques, et restent identiques dans tout mélange où figure ce corps. Dans du brome liquide, dans de la vapeur de brome, dans une solution de brome, à toute pression, à toute température, aussi longtemps qu'on sait « reconnaître du brome », cette matière brome se résoudrait, à un grossissement suffisant, en molécules identiques. Dans l'état solide même ces molécules subsistent, à la façon de pièces assemblées gardant leur individualité, qu'on peut séparer sans rupture (et non pas à la façon dont des briques cimentées subsistent dans un mur : car en démolissant le mur on ne retrouve pas les briques intactes, au lieu qu'en fondant ou vaporisant le solide on doit retrouver les molécules, avec leur indépendance et leur mobilité).

Si tout corps pur est nécessairement formé par une sorte déterminée de molécules, il ne s'ensuit pas que réciproquement avec chaque sorte de molécules nous sachions constituer un corps pur, sans mélange de molécules d'autres sortes. C'est ce que font bien comprendre les propriétés du peroxyde d'azote, gaz singulier, qui ne vérifie pas la loi de Mariotte, et dont la couleur rouge devient plus foncée quand on le laisse se répandre dans un volume plus grand. Ces anomalies s'expliquent dans tous leurs détails si le peroxyde d'azote est réellement un mélange à proportion variable de deux gaz, l'un rouge et l'autre incolore. On pensera certainement que chacun de ces gaz est formé par une sorte déterminée de molécules, mais en fait on ne réussit pas à séparer ces deux sortes de molécules, c'est-à-dire à préparer purs le gaz rouge et le gaz incolore. Dès qu'on tente une séparation qui par exemple accroît un instant la proportion de gaz rouge, il se refait, en effet, aussitôt, aux dépens de ce gaz lui-même, une nouvelle quantité de gaz incolore, jusqu'à ce qu'on retrouve la proportion fixée par la pression et la température choisies [1].

Il peut arriver, plus généralement, qu'un corps soit facile à caractériser et à reconnaître comme constituant de divers mélanges, et qu'on ne sache pas, cependant, le séparer à l'état pur des corps qui le dissolvent ou de ceux avec lesquels il se trouve en équilibre. Les chimistes n'hésitent pas à parler de l'acide sulfureux ou de l'acide carbonique, bien qu'on ne puisse pas séparer de leurs solutions aqueuses ces composés hydrogénés. A chaque *espèce chimique* ainsi regardée comme existante devra correspondre dans notre hypothèse une sorte déterminée de molécules, et réciproquement à chaque sorte de molécules correspondra une espèce chimique définissable, mais pas toujours isolable. Bien entendu, nous ne supposons pas que les molécules qui forment une espèce chimique sont insécables, que ce sont des « atomes ». Généralement, au contraire, nous serons conduits à penser qu'elles peuvent se diviser. Mais en ce cas, les propriétés qui faisaient reconnaître l'espèce chimique disparaissent, et d'autres propriétés apparaissent, celles des espèces chimiques qui ont pour molécules les morceaux de l'ancienne molécule [2].

---

1. Une discussion plus complète a fait considérer la molécule de gaz incolore comme formée par l'union de deux molécules de gaz rouge, les deux gaz ayant pour formules chimiques (dans le sens qui sera bientôt expliqué), $N_2O_4$ et $NO_2$.

2. Un exemple simple nous sera fourni par le sel ammoniac,

*Bref, nous supposons qu'un corps quelconque, homogène à l'échelle de nos observations, se résoudrait pour un grossissement suffisant en molécules bien délimitées, d'autant de sortes qu'on peut reconnaître de constituants au travers des propriétés de la matière donnée.*

Nous allons voir que ces molécules ne restent pas immobiles.

**3. — Les diffusions révèlent l'agitation moléculaire.** — Tout le monde sait que si l'on superpose une couche d'alcool et une couche d'eau, l'alcool étant en dessus, ces deux liquides ne restent pas séparés, bien que la couche inférieure soit la plus dense. Une dissolution réciproque s'opère, par *diffusion* des deux substances au travers l'une de l'autre, et uniformise en quelques jours tout le liquide. Il faut donc bien admettre que molécules d'alcool et molécules d'eau ont été animées de mouvements, au moins pendant le temps qu'a duré la dissolution.

A vrai dire, si nous avions superposé de l'eau et de l'éther, une surface de séparation serait restée nette. Mais, même dans ce cas de solubilité incomplète, il passe de l'eau dans toutes les couches du liquide supérieur, et de l'éther pénètre également dans une couche quelconque du liquide inférieur. Un mouvement des molécules s'est donc encore manifesté.

dont la molécule peut se briser en deux morceaux qui sont respectivement une molécule d'ammoniac et une molécule d'acide chlorhydrique.

Avec des couches gazeuses, la diffusion, plus rapide, se poursuit toujours jusqu'à l'uniformisation de la masse entière. C'est l'expérience célèbre de Berthollet, mettant en communication par un robinet un ballon contenant du gaz carbonique avec un ballon contenant de l'hydrogène à la même pression, et placé à un niveau supérieur. Malgré la grande différence des densités, la composition s'uniformise progressivement dans les deux ballons, et bientôt chacun d'eux renferme autant d'hydrogène que de gaz carbonique. L'expérience réussit de la même manière avec n'importe quel couple de gaz.

La rapidité de la diffusion n'a d'ailleurs aucun rapport avec la différence des propriétés des deux fluides mis en contact. Elle peut être grande ou petite, aussi bien pour des corps très analogues que pour des corps très différents. Notons par exemple que de l'alcool éthylique (esprit de vin), et de l'alcool méthylique (esprit de bois), physiquement et chimiquement très semblables, se pénètrent plus vite que ne le font l'alcool éthylique et le toluène, qui sont beaucoup plus différents l'un de l'autre.

Or, s'il y a ainsi diffusion entre deux couches fluides quelconques, entre, par exemple, de l'alcool éthylique et de l'eau, entre de l'alcool éthylique et de l'alcool méthylique, entre de l'alcool éthylique et de l'alcool propylique, peut-on croire qu'il n'y aura pas également diffusion entre de l'alcool éthylique et de l'alcool éthylique ? Dès que l'on a fait les rapprochements qui précèdent, il paraît difficile de ne pas répondre que probablement il y aura encore diffusion, mais que nous ne nous en apercevons plus, à cause de l'identité des deux corps qui se pénètrent.

Nous sommes donc forcés de penser qu'une diffusion continuelle se poursuit entre deux tranches contiguës quelconques d'un même fluide. S'il existe des molécules, il revient au même de dire que toute surface tracée dans un fluide est sans cesse traversée par des molécules passant d'un côté à l'autre, et par suite que *les molécules d'un fluide quelconque sont en mouvement incessant.*

Si ces inductions sont fondées, nos idées sur les fluides « en équilibre » vont se trouver bien profondément remaniées. Comme l'homogénéité, l'équilibre n'est qu'une apparence, qui disparaît si l'on change le « grossissement » sous lequel on observe la matière. Plus exactement, cet équilibre correspond à un certain régime permanent d'agitation désordonnée. A l'échelle ordinaire de nos observations, nous ne devinons pas l'agitation intérieure des fluides, parce que chaque petit élément de volume gagne à chaque instant autant de molécules qu'il en perd, et conserve le même état moyen de mouvement désordonné. Nous verrons se préciser progressivement ces idées, et nous comprendrons sans cesse mieux l'importance que doivent prendre en Physique les notions de statistique et de probabilité.

4. — **L'agitation moléculaire explique l'expansibilité des fluides.** — L'agitation moléculaire, une fois admise, fait comprendre bien simplement l'ex-

pansibilité des fluides, ou, ce qui revient au même, fait comprendre pourquoi ils exercent toujours une pression sur les parois des récipients qui les contiennent. Cette pression sera due, non pas à une répulsion mutuelle des diverses parties du fluide, mais aux chocs incessants, contre ces parois, des molécules de ce fluide.

Cette hypothèse un peu vague fut précisée et développée dès le milieu du XVIII$^e$ siècle, dans le cas où le fluide est assez raréfié pour avoir les propriétés caractéristiques de l'état gazeux. On admit qu'alors les molécules sont grossièrement assimilables à des billes élastiques dont le volume total est très petit par rapport au volume qu'elles sillonnent, et qui sont en moyenne si éloignées les unes des autres que chacune se meut en ligne droite sur la plus grande partie de son parcours, jusqu'à ce qu'un choc avec une autre molécule change brusquement sa direction. Nous verrons bientôt comment on put expliquer ainsi les propriétés connues des gaz, et comment on en sut prévoir qui étaient encore inconnues.

Supposons qu'on échauffe à volume constant une masse gazeuse ; nous savons qu'alors la pression grandit. Si cette pression est due aux chocs des molécules sur la paroi, il faut bien admettre que ces molécules se meuvent maintenant avec des vitesses qui, en moyenne, ont augmenté, de façon que chaque centimètre carré de paroi reçoit des chocs plus violents, et en reçoit davantage. *Ainsi l'agitation moléculaire doit grandir avec la température.* Si au contraire la température s'abaisse, l'agitation moléculaire, décroissant, doit tendre vers zéro en même temps que la pression du gaz. Au « zéro absolu » de température, les molécules seraient complètement immobiles.

Dans le même ordre d'idées, nous rappellerons que toutes les diffusions, sans exception, deviennent d'autant plus lentes que la température est moins élevée. Agitation moléculaire et température varient donc toujours dans le même sens et apparaissent comme profondément reliées l'une à l'autre.

### Atomes.

**5. — Les corps simples.** — Dans l'infinité des substances réalisables (qui sont généralement des mélanges à proportions variables), les espèces chimiques servent de repères comme les 4 sommets d'un tétraèdre de référence pour les points intérieurs au tétraèdre. Mais leur multiplicité est encore immense. On sait comment, depuis *Lavoisier*, l'étude et la classification de toutes ces espèces ont été facilitées par la découverte des *corps simples*, substances indestructibles qu'on obtient en poussant aussi loin qu'on le peut la « décomposition » des diverses matières.

Le sens de ce mot « décomposition » résulte clairement de l'examen d'un cas particulier quelconque. On pourra, par exemple, transformer (par simple échauffement) du sel ammoniac, corps solide pur bien défini, en un mélange gazeux qu'un fractionnement convenable (diffusion ou effusion) permettra de séparer en gaz ammoniac

pur et gaz chlorhydrique pur. On transformera
à son tour (par une série d'étincelles) le gaz ammoniac en un mélange gazeux d'azote et d'hydrogène
à leur tour aisément séparables. Puis, ayant dissous le gaz chlorhydrique dans un peu d'eau, on
pourra (par électrolyse) retrouver : d'une part
cette eau introduite, et d'autre part, au lieu de
gaz chlorhydrique, du chlore et de l'hydrogène
(séparés aux deux électrodes). Pour 100 parties
de sel, on aura ainsi fait apparaître 26$^{gr}$,16 d'azote,
7$^{gr}$,50 grammes d'hydrogène, et 66$^{gr}$,34 de chlore,
de poids total égal à celui du sel disparu.

Toute autre façon de décomposer le sel ammoniac, poussée à outrance, se trouve toujours
aboutir à ces trois corps élémentaires, exactement
dans les mêmes proportions, aucun d'eux ne pouvant lui-même être décomposé. Plus généralement, un nombre immense de décompositions
ont mis en évidence une centaine de corps simples
(azote, chlore, hydrogène, carbone, fer, etc.), pos-
sédant la propriété suivante :

*Un système matériel quelconque peut se
décomposer en masses constituées chacune
par l'un de ces corps simples, masses absolument indépendantes, en quantité et en nature,
des opérations que l'on a fait subir au système étudié.*

En particulier, si l'on part de masses fixées de
ces divers corps simples, puis qu'on les fasse agir
les unes sur les autres de toute façon imaginable,
on pourra toujours ensuite retrouver, pour chaque
corps simple, la masse primitivement introduite. Si l'élément oxygène figure au début par

16 grammes, il n'est pas en notre pouvoir de réaliser une opération à la suite de laquelle, redécomposant en corps simples le système obtenu, on ne retrouve pas exactement 16 grammes d'oxygène, sans gain ni perte [1].

Il est alors bien difficile de ne pas supposer que cet oxygène a persisté réellement dans la suite des composés obtenus, dissimulé, mais cependant présent : une même *substance élémentaire* existerait dans tous les corps oxygénés, tels que l'eau, l'oxygène, l'ozone, le gaz carbonique ou le sucre [2].

Or, si le sucre, par exemple, est fait de molécules identiques, c'est au sein de chaque molécule que doit se dissimuler l'oxygène, et de même le carbone et l'hydrogène qui sont les autres éléments du sucre. Nous allons tâcher de deviner sous quelle figure les substances élémentaires subsistent dans les molécules.

**6.** — **Lois de discontinuité chimique.** — Des lois chimiques fondamentales vont nous faciliter cette tâche. C'est d'abord que la proportion d'un élé-

---

1. Il est bien entendu que de l'oxygène ou de l'ozone, intégralement transformables l'un dans l'autre, seront regardés comme équivalents. Même remarque pour tout corps simple pouvant exister sous diverses variétés allotropiques.

2. Incidemment, il n'est pas tout à fait correct de dire que cette substance élémentaire est « de l'oxygène ». Sinon, l'on pourrait aussi bien dire qu'elle est « de l'ozone », puisque oxygène et ozone peuvent se transformer intégralement l'un dans l'autre, sans perte de matière. Une même substance, à laquelle un nom distinct devrait être donné, nous apparaît, selon les circonstances, soit sous l'aspect « oxygène », soit sous l'aspect « ozone ». Nous comprendrons bientôt (17) à quoi cela peut tenir.

ment qui entre dans une molécule ne peut pas prendre toutes les valeurs possibles. Le carbone en brûlant dans l'oxygène donne un corps pur (gaz carbonique) à raison de 3 grammes de carbone pour 8 grammes d'oxygène. Il ne serait pas absurde (et d'excellents chimistes ont jadis regardé comme possible), que, en changeant les conditions de la combinaison (par exemple en opérant sous forte pression ou en remplaçant la combustion vive par une fermentation lente), on pût changer un peu la proportion du carbone et de l'oxygène combinés. Il ne serait ainsi pas absurde qu'on pût obtenir un corps pur à propriétés voisines de celles du gaz carbonique et renfermant pour 3 grammes de carbone, 8 grammes plus 1 décigramme d'oxygène. Cela ne se produit pas, et ce fait généralisé donne la *loi des proportions définies* (principalement due aux efforts de *Proust*) :

*La proportion suivant laquelle deux éléments se combinent ne peut pas varier de façon continue.*

Cela ne veut pas dire que le carbone et l'oxygène ne peuvent s'unir que dans une seule proportion : il n'est pas difficile (préparation de l'oxyde de carbone) de combiner à 3 grammes de carbone, non plus 8, mais 4 grammes d'oxygène. Seulement, comme on voit, la variation est alors très grande : il y a un bond discontinu. Du même coup les propriétés du composé obtenu sont devenues très différentes de celles du gaz carbonique. Les deux composés sont comme séparés par un fossé infranchissable.

Cet exemple même suggère immédiatement une autre loi, découverte par *Dalton*. Cela pourrait être un hasard que 3 grammes de carbone se combinent ou bien à 4 grammes d'oxygène ou bien à une masse 8 grammes exactement double. Mais on voit également apparaître des rapports simples en un si grand nombre de cas que nous ne pouvons croire à tant de concordances accidentelles. Et cela nous donne la *loi des proportions multiples*, qu'on peut énoncer comme il suit :

*Si l'on prend au hasard deux composés définis dans la multitude de ceux qui contiennent les corps simples A et B, et si l'on compare les masses de l'élément B qui s'y trouvent unies à une même masse de l'élément A, on trouve que ces masses sont généralement dans un rapport très simple. En particulier, elles peuvent être, et elles sont fréquemment, exactement égales.*

C'est ainsi que la proportion du chlore à l'argent, dans le chlorure d'argent et dans le chlorate d'argent, se trouve être la même, ou du moins que l'écart ne dépasse pas celui qui reste permis par le degré de précision de l'analyse chimique. Or cette précision a été sans cesse en croissant et, dans ce cas spécial (mesures de Stas), dépasse le dix-millionième, en sorte que nous ne pouvons guère douter de l'égalité rigoureuse.

**7. — L'hypothèse atomique.** — On doit au grand Dalton l'intuition géniale qui, rendant compte de la façon la plus simple et de la loi de Proust et de celle que lui-même avait découverte, allait donner aux théories moléculaires une importance capitale dans la compréhension et dans la prévision des phénomènes chimiques (1808).

Dalton supposa que chacune des *substances élémentaires* dont se composent les divers corps est formée par une *sorte déterminée* de particules toutes rigoureusement identiques[1], particules qui traversent, sans se laisser jamais subdiviser, les diverses transformations chimiques ou physiques que nous savons provoquer, et qui, *insécables* par ces moyens d'actions, peuvent donc être appelées des *atomes*, dans le sens étymologique.

Une molécule quelconque renferme nécessairement, pour chaque substance élémentaire présente, un nombre entier d'atomes. Sa composition ne peut donc varier de façon continue (c'est la loi de Proust), mais seulement par bonds discontinus correspondant à l'entrée où à la sortie de au moins 1 atome (et ceci entraîne la loi des proportions multiples de Dalton).

Il est du reste clair que, si une molécule était assez compliquée pour contenir plusieurs milliers d'atomes, l'analyse chimique pourrait se trouver assez grossière pour ne pas nous renseigner sur l'entrée ou la sortie de quelques atomes. C'est donc sans doute parce que les molécules des corps étudiés par les chimistes renfermaient peu d'a-

---

1. Identiques une fois isolées, sinon exactement superposables à chaque instant. Deux pesons différemment tendus peuvent être regardés comme identiques, si, détendus, ils redeviennent superposables. Ainsi rien ne devra différencier un atome de fer tiré du chlorure ferreux et un atome de fer tiré du chlorure ferrique.

tomes que les lois de discontinuité ont pu être découvertes alors que l'analyse chimique ne répondait pas toujours du dixième [1].

Une molécule peut être monoatomique (formée par un seul atome). Plus généralement elle contiendra plusieurs atomes. Un cas particulier intéressant est celui où les atomes ainsi *combinés* dans la même molécule sont de la même sorte. On a alors affaire à un corps simple, qui cependant peut être regardé comme une véritable combinaison d'une certaine substance élémentaire avec elle-même. Nous verrons que cela est fréquent, et comment cela explique certaines allotropies (nous avons signalé déjà celle de l'oxygène et de l'ozone).

Bref, tout l'univers matériel, en sa prodigieuse richesse, serait obtenu par l'assemblage d'éléments de construction dessinés suivant un petit nombre de types, les éléments d'un même type étant rigoureusement identiques. Cela fait comprendre combien l'hypothèse atomique pourra simplifier l'étude de la matière, si cette hypothèse est justifiée

**8. — On saurait les poids relatifs des atomes si on savait combien il y en a de chaque sorte dans les molécules. —**

---

1. On conçoit d'ailleurs que des molécules très compliquées puissent être plus fragiles que les molécules faites de peu d'atomes, et par suite puissent avoir moins de chances de se présenter à l'observation. On conçoit aussi que si une molécule est énorme (albumines ?) l'entrée ou la sortie de peu d'atomes ne modifie pas énormément ses propriétés et que la séparation de corps *purs* correspondant à des molécules somme toute peu différentes, puisse devenir inextricable. Et cela encore accroît les chances pour qu'un corps pur facile à préparer soit fait de molécules formées de peu d'atomes.

Sitôt admise l'existence des atomes, on s'est demandé combien d'atomes de chaque sorte figurent dans les molécules des corps que nous connaissons le mieux. Résoudre ce problème donnerait les poids relatifs des molécules et des atomes.

Si par exemple nous trouvons que la molécule d'eau contient $p$ atomes d'hydrogène et $q$ atomes d'oxygène, nous calculerons facilement le quotient $\frac{o}{h}$ de la masse $o$ de l'atome d'oxygène par la masse $h$ de l'atome d'hydrogène. Chaque molécule d'eau contiendra en effet la masse $p \times h$ d'hydrogène et la masse $q \times o$ d'oxygène; or, toutes les molécules d'eau étant identiques, chacune contient l'hydrogène et l'oxygène dans la même proportion qu'une masse d'eau quelconque, c'est-à-dire (d'après l'analyse connue de tous) 1 partie d'hydrogène pour 8 d'oxygène. La masse $q \times o$ pèserait donc 8 fois plus que la masse $p \times h$, d'où résulte évidemment pour le quotient $\frac{o}{h}$ la valeur $8\,\frac{p}{q}$, connue en même temps que $p$ et $q$.

Nous connaîtrions du même coup les rapports des masses (ou des poids) de la molécule d'eau et des atomes constituants. Puisque, en poids, $p$ atomes d'hydrogène font le neuvième, et $q$ atomes d'oxygène les huit neuvièmes, de 1 molécule $m$ d'eau, les deux rapports $\frac{m}{h}$ et $\frac{m}{o}$ seraient nécessairement $9\,p$ et $\frac{9}{8}\,q$.

Si maintenant nous connaissions la composition atomique d'un autre corps hydrogéné, mettons que ce soit le méthane (qui contient 3 grammes de carbone pour 1 gramme d'hydrogène), nous aurions par un raisonnement tout semblable le quotient $\frac{c}{h}$ de la masse de l'atome de carbone par celle de l'atome d'hydrogène, puis les quotients $\frac{m'}{c}$, $\frac{m'}{h}$ de la masse $m'$ de 1 molécule de méthane par les masses des atomes constituants. Connaissant $\frac{m}{h}$ et $\frac{m'}{h}$, nous saurions enfin, par simple division, dans quel rapport $\frac{m}{m'}$ sont les masses des molécules d'eau et de méthane.

On voit clairement par là qu'il suffirait de connaître la composition atomique d'un petit nombre de molécules pour avoir, comme nous le disions, les poids relatifs des divers atomes (et des molécules considérées).

**9. — Nombres proportionnels et formules chimiques.** — Malheureusement l'analyse pondérale, qui, en prouvant la discontinuité chimique, a conduit à imaginer l'hypothèse atomique, ne donne pas le moyen de résoudre le problème qui vient de se poser. Pour bien comprendre cela, nous remarquerons que les lois de cette discontinuité sont toutes rassemblées dans l'énoncé suivant (loi des « nombres proportionnels ») :

*Aux divers corps simples :*

Hydrogène, oxygène, carbone...

*on sait faire correspondre des nombres appelés nombres proportionnels) :*

H,    O,    C,...

*tels que les masses de ces corps simples qui se trouvent unies dans un composé sont entre elles comme*

$$p\text{H}, \qquad q\text{O}, \qquad r\text{C},\ldots$$

*p, q, r,... étant des nombres entiers souvent très simples* [1].

On exprime alors tout ce que l'analyse apprend sur le corps étudié en représentant ce corps par la formule chimique :

$$\text{H}_p\ \text{O}_q\ \text{C}_r\ldots$$

Remplaçons maintenant dans la liste des nombres proportionnels un quelconque des termes, soit C, par un terme C′ obtenu en multipliant C

---

1. Il ne suffirait pas de dire que ces nombres sont entiers. Soient $\eta$ et $\gamma$ les masses d'hydrogène et de carbone unies dans l'échantillon analysé d'un carbure d'hydrogène. Ces masses ne sont connues qu'à une certaine erreur près, qui dépend de la précision de l'analyse. Si exacte que fût cette analyse, et quand même H et C seraient des nombres pris *tout à fait au hasard*, il y aurait toujours des nombres entiers $p$ et $r$ qui, dans les limites de l'erreur admissible, vérifieraient l'égalité :

$$\frac{\eta}{\gamma} = \frac{p}{r}\ \frac{\text{H}}{\text{C}}$$

Mais les plus petites valeurs possibles pour $p$ et $r$ grandiraient quand la précision croîtrait. Si pour une précision du centième on avait trouvé $\dfrac{2}{3}$ comme valeur possible de $\dfrac{p}{r}$ la valeur la plus simple possible deviendrait par exemple $\dfrac{2\ 027}{3\ 041}$ quand la précision serait du cent-millième. Or cela n'est pas, et la valeur $\dfrac{2}{3}$ conviendra encore pour cette précision. Que les rapports des entiers $p, q, r\ldots$, aient des valeurs fixes qui paraîtront d'autant plus simples, d'autant plus surprenantes, que la précision est plus élevée, c'est cela qui est la loi.

par une fraction simple arbitraire, $\frac{2}{3}$ par exemple, et ne changeons pas les autres termes. La nouvelle liste

$$H, \quad O, \quad C',...$$

est encore une liste de nombres proportionnels. Car le composé qui par exemple contenait $p$H grammes d'hydrogène pour $q$O d'oxygène et $r$C de carbone contient aussi bien (c'est dire la même chose) $2p$H grammes d'hydrogène pour $2q$O d'oxygène et $3r$C' de carbone. Sa formule qui était $H_p\,O_q\,C_r$ peut donc aussi bien s'écrire

$$H_{2p}\,O_{2q}\,C'_{3r}$$

et si $p$, $q$ $r$ étaient entiers, $2p$, $2q$, $3r$ seront entiers.

La nouvelle formule peut d'ailleurs être plus simple que l'ancienne. Le composé dont la formule primitive serait $H_3C_2$ prendrait avec les nouveaux nombres proportionnels la formule $H_6C_6$, c'est-à-dire la formule HC.

L'un ou l'autre des deux systèmes de formules exprime complètement *tout* ce que donne l'analyse chimique. Nous ne pouvons donc tirer de cette analyse aucune raison de décider si l'atome de carbone et celui d'hydrogène sont dans le rapport de C à H, ou de C' à H, et par suite aucun moyen de juger combien une molécule donnée contient d'atomes de chaque sorte.

En d'autres termes :

Il existe toute une multiplicité de listes de nombres proportionnels *distinctes*, c'est-à-dire ne donnant pas à un même composé la même for-

...mule [1]. On passe de l'une quelconque de ces listes à une autre en y multipliant un ou plusieurs termes par des fractions simples. Enfin l'analyse chimique, ou les lois de discontinuité, ne donnent aucun moyen de reconnaître parmi ces listes une liste où les termes seraient dans le même rapport que les masses des atomes (supposés exister).

**10. — Les composés qui se ressemblent. —** Heureusement on peut guider par d'autres considérations un choix qui du seul point de vue de l'analyse chimique resterait indéterminé. Et, de fait, on n'a jamais hésité sérieusement qu'entre un petit nombre de listes de nombres proportionnels.

C'est que l'on a dès l'abord estimé que des formules analogues doivent représenter des composés qui se ressemblent. Tel est le cas pour le chlorure, le bromure ou l'iodure d'un même métal quelconque. Ces trois sels sont *isomorphes*, c'est-à-dire que leurs cristaux ont *la même forme* [2], et qu'ils peuvent (par évaporation d'une solution mixte), donner des cristaux mixtes de cette même forme (mélanges homogènes solides à proportions arbitraires). En outre de cette ressemblance physique déjà si remarquable, ces trois sels se ressemblent par leurs diverses réactions chimiques. Les atomes de chlore, de brome, et d'iode jouent

---

1. Deux listes ne sont pas distinctes si l'on obtient l'une à partir de l'autre en y multipliant tous les termes par un même nombre.

2. Au sens des cristallographes : on peut orienter deux cristaux de façon que chaque face de l'un soit parallèle à une face de l'autre.

donc probablement des rôles très semblables, et leurs masses sont probablement dans les mêmes rapports que les masses de ces trois éléments qui se combinent avec une masse donnée du même métal. Cela conduira déjà à éliminer parmi les listes des nombres proportionnels qui *a priori* pouvaient donner les rapports atomiques, toutes celles où les nombres proportionnels Cl, Br et I, du chlore, du brome et de l'iode ne seraient pas entre eux comme 71, 160, et 254.

On atteindra tout aussi aisément des valeurs probables pour les rapports atomiques des divers métaux alcalins, et cela réduira encore beaucoup le nombre des listes possibles. Mais on n'aura pas, par cette voie (ou du moins on n'a pas eu jusqu'à présent) le rapport des masses atomiques du chlore et du potassium, ces éléments ne jouant dans aucun genre de composés des rôles analogues. On n'a même pu passer jusqu'à présent, par aucune relation nette d'isomorphisme ou d'analogie chimique, de l'un des métaux alcalins à l'un des autres métaux. Mais, par divers isomorphismes (aluns, spinelles, carbonates, sulfates, etc...), on a pu atteindre de proche en proche les valeurs probables des rapports atomiques pour la plupart de ces autres métaux.

Bref, on aura ainsi réduit extrêmement l'indétermination primitive, au premier abord décourageante. On ne l'aura pas supprimée. Et, pour citer l'exemple au sujet duquel ont eu lieu les controverses les plus vives, on n'aura trouvé dans cette étude aucune raison sérieuse pour donner à l'eau la formule $H_2O$ plutôt que la formule $HO$, c'est-à-dire pour attribuer au rapport $\frac{O}{H}$ la valeur 16 plutôt que la valeur 8.

**11. — Les équivalents.** — Il faut bien dire au reste que pour beaucoup de chimistes, encore fort peu convaincus de l'intérêt de la théorie atomique, la question n'avait pas grand sens. Il leur paraissait plus dangereux qu'utile de mêler une *hypothèse* jugée invérifiable à l'exposé de lois certaines. Aussi pensaient-ils n'avoir à guider leur choix, parmi les listes possibles de nombres proportionnels, que par la condition de traduire les *faits* dans un langage aussi expressif que possible. Il restait avantageux, à cet égard, pour faciliter le souvenir ou la prévision des réactions, de représenter par des formules analogues les composés qui se ressemblent, mais, quant au surplus, on n'avait qu'à donner aux composés jugés les plus importants des formules très simples. Par exemple il semblait raisonnable d'écrire HO la formule de l'eau, choisissant donc arbitrairement le nombre 8 parmi les valeurs possibles du rapport $\frac{O}{H}$ .

C'est ainsi que les savants hostiles ou indifférents à la théorie atomique se trouvèrent d'accord pour utiliser sous le nom d'*équivalents*, une certaine liste de nombres proportionnels. Cette *notation en équivalents*, adoptée par les chimistes les plus influents, et imposée en France par les programmes à l'enseignement élémentaire[1], a gêné

---

1. Jusque vers 1895.

pendant plus de cinquante ans le développement de la chimie. En effet, et toute question de théorie mise à part, elle s'est trouvée beaucoup moins apte à représenter ou à suggérer les phénomènes que la *notation atomique* proposée par *Gerhardt* vers 1840, où se trouvaient utilisés les nombres proportionnels que Gerhardt et ses continuateurs ont regardés, pour les raisons que nous allons voir, comme donnant ces rapports de poids des atomes que l'isomorphisme et l'analogie chimique n'avaient pu tous déterminer.

## L'hypothèse d'Avogadro.

**12. — Loi de dilatation et de combinaison des gaz. —** Les considérations qui ont mis en évidence ces nombres proportionnels si importants se rattachent aux lois des gaz, maintenant familières à tous.

On sait, d'abord, depuis *Boyle* (1660) et *Mariotte* (1675) que, à température fixée, la *densité* d'un gaz (masse contenue dans l'unité de volume) est proportionnelle à la pression[1]. Soient alors, pour 2 gaz différents à la même température et à la même pression, $n$ et $n'$ les nombres de molécules présentes par centimètre cube. Multiplions par un même nombre, mettons par 3, la pression commune aux deux gaz, les masses présentes

---

1. En réalité il s'agit là d'une loi limite, assez bien vérifiée (mettons à 1 p. 100 près) pour les divers gaz quand leur pression reste inférieure à une dizaine d'atmosphères, beaucoup mieux vérifiée à plus basse pression, et qui semble devenir rigoureusement exacte quand la densité tend vers zéro.

par centimètre cube sont multipliées par 3, et par suite aussi les nombres $n$ et $n'$ : à température fixée le rapport $\frac{n}{n'}$ des molécules présentes par centimètre cube dans deux gaz, à la même pression, ne dépend pas de cette pression.

D'autre part, *Gay-Lussac* a montré (vers 1810) que, à pression fixée, la densité d'un gaz change avec la température d'une façon qui ne tient pas à la nature particulière du gaz[1] (oxygène ou hydrogène se dilatent de même quand la température s'élève). Ici encore, par conséquent, les nombres $n$ et $n'$ étant changés de la même manière, leur rapport ne change pas.

Bref, tant que les lois des gaz restent vérifiées, à froid ou à chaud, sous forte ou sous faible pression, les nombres de molécules présentes dans deux ballons égaux d'oxygène et d'hydrogène restent dans le même rapport, pourvu que la température et la pression soient les mêmes dans les deux ballons. Et ainsi pour tous les gaz.

Ces divers rapports *fixes* doivent être *simples*. Cela résulte d'autres expériences exécutées vers le même temps (1810), par lesquelles Gay-Lussac montra que :

*Les volumes de gaz qui apparaissent ou disparaissent dans une réaction sont entre eux dans des rapports simples*[2].

Un exemple me fera comprendre : Gay-Lus-

---

1. Ici encore, loi limite, d'autant mieux vérifiée que la densité sera plus faible.

2. A la vérité Gay-Lussac ne s'inquiéta pas de tirer de cet énoncé la proposition de théorie moléculaire ici indiquée.

sac trouve que, lorsque l'hydrogène et l'oxygène se combinent pour former de l'eau, les masses d'hydrogène, d'oxygène, et de vapeur d'eau formée, ramenées aux mêmes conditions de température et de pression, ont des volumes qui sont *exactement* entre eux comme 2, 1, et 2. Soient par centimètre cube, $n$ le nombre de molécules d'oxygène, et $n'$ le nombre de molécules de vapeur d'eau. La molécule d'oxygène contient un nombre entier, probablement petit, soit $p$, d'atomes d'oxygène. La molécule d'eau contient de même $p'$ atomes d'oxygène. Comme il ne s'est pas perdu d'oxygène, il faut que le nombre $n\,p$ d'atomes qui formaient l'oxygène disparu soit égal au nombre $2\,n'\,p'$ de ceux qui sont présents dans l'eau apparue. Le rapport $\frac{n}{n'}$ est donc égal à $2\,\frac{p'}{p}$, et par suite est simple, puisque $p$ et $p'$ sont entiers et petits.

Mais rien n'indique encore que cette simplicité doive être la plus grande qu'on puisse imaginer, c'est-à-dire que les nombres $n$ et $n'$ doivent être invariablement égaux.

**13. — Hypothèse d'Avogadro.** — C'est précisément cette égalité qu'affirme la célèbre hypothèse d'Avogadro (1811). Sans en donner d'autre raison que l'identité des lois de dilatation des gaz, ce chimiste admit que *des volumes égaux de gaz différents, dans les mêmes conditions de température et de pression, contiennent des nombres égaux de molécules*. Hypothèse que l'on peut encore énoncer utilement comme il suit :

*Dans l'état gazeux, des nombres égaux de molécules quelconques, enfermées dans des volumes égaux à la même température, y développent des pressions égales*[1].

Cette proposition bientôt défendue par Ampère, donne bien, si elle est vraie, comme nous allons voir, et comme l'annonçait Avogadro « une manière de déterminer les masses relatives des atomes et les proportions suivant lesquelles ils entrent dans les combinaisons ». Mais la théorie d'Avogadro , accompagnée de considérations inexactes, et encore sans fondement expérimental suffisant, fut accueillie avec beaucoup de réserve par les chimistes. On doit à Gerhardt d'avoir compris toute son importance et d'avoir prouvé dans le détail[2], sans se borner à une indication vague qui n'eût convaincu personne, la supériorité de la notation qu'il déduisait de cette théorie, et qui de ce jour gagna sans cesse des adhérents pour s'imposer enfin sans conteste. Le récit de ces controverses n'aurait pas ici d'intérêt, et nous avons seulement à comprendre comment l'hypothèse d'Avogadro peut donner les rapports des poids atomiques.

**14. — Coefficients atomiques.** — Imaginons des récipients tous identiques, de volume V, qui seraient emplis avec les différents corps purs connus dans l'état gazeux, à une même tempéra-

---

1. Il va de soi que l'hypothèse, supposée bonne, sera d'autant plus rigoureusement applicable que les lois des gaz « parfaits » se trouvent mieux vérifiées, c'est-à-dire d'autant plus que la densité du gaz sera plus faible.

2. *Précis de chimie organique.*

ture et sous une même pression. Si l'hypothèse d'Avogadro est exacte, les masses ainsi réalisées contiennent le même nombre de molécules, soit N, proportionnel au volume V.

Considérons à part les composés hydrogénés. Pour chacun d'eux, la molécule contient un nombre entier de fois, soit $p$, la masse $h$ grammes de l'atome d'hydrogène ; le récipient correspondant contient donc $Nph$ grammes d'hydrogène, c'est-à-dire $p$ fois H grammes, en appelant H le produit $Nh$, qui ne dépend pas du corps choisi puisque N est le même pour tous : *volumes égaux des divers composés hydrogénés contiennent donc un multiple entier d'une certaine masse d'hydrogène* [1].

De même, pour les composés oxygénés, tous nos récipients devront contenir un nombre entier de fois, soit $q$, une masse O grammes d'oxygène (égale à $No$, si $o$ est l'atome d'oxygène) ; pour les composés carbonés, tous nos récipients devront contenir $r$ fois ($r$ entier) une masse C grammes de carbone (égale à $Nc$ si $c$ est l'atome de carbone) ; et ainsi de suite. Comme au reste les

---

1. Mais la réciproque n'est pas nécessaire : soit en effet inexacte l'hypothèse d'Avogadro, et soient alors N, N', N'',... les nombres de molécules, dans le volume V, pour les divers composés hydrogénés ; soient $p$, $p'$, $p''$.... les nombres entiers d'atomes respectivement présents dans une molécule de ces gaz. Dire que les masses d'hydrogène $Nph$, $N'p'h$, $N''p''h$..., contenues dans des volumes égaux V sont des multiples entiers d'une même masse H prouve seulement que $Np$, $N'p'$, $N''p''$..., et par suite N, N', N''..., sont dans des rapports simples. C'est la proposition importante déduite au n° 12 de la loi de combinaison des gaz (et incidemment nous la retrouvons ici à partir d'expériences beaucoup plus nombreuses que celles de Gay-Lussac) mais ce n'est pas la proposition plus précise d'Avogadro.

nombres H, O, C,... sont proportionnels à N, donc au volume V, on pourra, si l'on veut, choisir ce volume de façon que l'un de ces nombres, soit H, ait telle valeur qu'on veut, par exemple la valeur 1. Tous les autres seront alors fixés.

Ces conséquences de l'hypothèse d'Avogadro ont été pleinement vérifiées par l'analyse chimique et les mesures de densité dans l'état gazeux *pour des milliers de corps*, sans que l'on ait rencontré une seule exception[1]. Du même coup, les nombres H, O, C,... correspondant à chaque valeur du volume V se trouvent déterminés.

En d'autres termes, la pression et la température une fois choisies, il y a un volume V (environ 22 litres dans les conditions normales[2]) pour lequel ceux de nos récipients qui contiennent de l'hydrogène en contiennent exactement ou bien 1 gramme (acide chlorhydrique, chloroforme) ou bien 2 grammes (*eau*, acétylène, *hydrogène*), ou bien 3 grammes (gaz ammoniac) ou bien 4 grammes (méthane, éthylène) ou bien 5 grammes (pyridine) ou bien 6 grammes (benzine), etc., mais ne contiennent jamais de masses intermédiaires, telles que 1, 1 ou 3, 4 grammes.

Pour ce même volume, nos divers récipients

---

1. On ne peut compter comme faisant exception des corps tels que le peroxyde d'azote (voir n° 2) *qui ne vérifie pas les lois de Boyle et de Gay-Lussac* et par suite est *en dehors* de ces considérations. Nous avons d'ailleurs fait comprendre qu'il ne vérifie pas les lois des gaz parce qu'il n'est pas *un* gaz, mais un mélange à proportion variable de deux gaz. Des remarques analogues s'appliquent aux quelques anomalies d'abord signalées (tel le sel ammoniac en vapeur).

2. Température de la glace fondante et pression atmosphérique (76 centimètres de colonne barométrique mercurielle, à Paris).

contiendront, si le corps simple oxygène entre dans le composé qu'ils enferment, ou bien 16 grammes d'oxygène (*eau*, oxyde de carbone) ou bien 2 fois 16 grammes (gaz carbonique, *oxygène*), ou bien 3 fois 16 grammes (anhydride sulfurique, *ozone*), etc., mais jamais de masses intermédiaires, telles que 5, 19, ou 37 grammes.

Toujours pour ce volume, nos récipients contiendront : ou bien pas de carbone, ou bien 12 grammes de ce corps (méthane, oxyde de carbone) ou bien 2 fois 12 grammes (acétylène) ou bien 3 fois 12 grammes (acétone), etc., toujours sans intermédiaires.

Nos récipients contiendront de même, s'ils contiennent du chlore, du brome, ou de l'iode, un nombre entier de fois $35^{gr},5$ de chlore, 80 grammes de brome, 127 grammes d'iode, en sorte que (dans l'hypothèse d'Avogadro) les masses des trois atomes correspondants doivent être entre elles comme 35,5; 80; et 127. Il est bien remarquable que nous retrouvons ainsi précisément des nombres qui sont dans les rapports suggérés par l'isomorphisme et les analogies chimiques des chlorures, bromures et iodures (n° 10). Cette concordance accroît évidemment la vraisemblance de l'hypothèse d'Avogadro.

De proche en proche, on a pu ainsi obtenir expérimentalement, à partir des densités des gaz, une liste de nombres proportionnels remarquables

$$H = 1, \ O = 16, \ C = 12, \ Cl = 35,5\ldots$$

qui sont dans les mêmes rapports que les poids des atomes si l'hypothèse d'Avogadro est exacte, et qui en effet, pour ceux d'entre eux qui se prêtent à ce contrôle, se trouvent bien dans les rapports déjà imposés par les isomorphismes et analogies chimiques.

Pour abréger, on a pris l'habitude d'appeler ces nombres *poids atomiques*. Il est plus correct (puisque ce sont des nombres, et non des poids ou des masses) de les appeler *coefficients atomiques*. De plus, on a convenu d'appeler *atome-gramme* d'un corps simple la masse de ce corps qui, en grammes, est mesurée par son coefficient atomique : 12 grammes de carbone ou 16 grammes d'oxygène sont les atomes-gramme du carbone et de l'oxygène.

**15. — Loi de Dulong et Petit.** — Cette fois, et à la condition de tenir compte des isomorphismes et analogies pour les corps simples qui ne donnent pas de composés volatils connus, nous atteignons les rapports atomiques à peu près pour tous les corps simples. Si quelque incertitude subsiste encore pour un petit nombre de métaux qui ne manifestent pas d'analogies bien nettes avec des corps de coefficient atomique déjà atteint, on achèvera de lever cette incertitude par application d'une règle due à Dulong et Petit.

Suivant cette règle, quand on multiplie la chaleur spécifique d'un corps simple, *dans l'état solide*, par le poids atomique de ce corps, on trouve toujours à peu près le même nombre, peu éloigné de la valeur 6. Il revient au même, et il est plus expressif de dire que :

*Dans l'état solide, il faut à peu près la même*

*quantité de chaleur, soit 6 calories, pour élever de 1° la température de un atome-gramme quelconque.*

Si donc on hésitait sur la valeur d'un coefficient atomique, mettons celui de l'or, il suffirait d'observer que la chaleur spécifique de l'or est 0,03 pour penser que son coefficient atomique doit être voisin de 200. On le fixerait alors avec précision par l'analyse chimique des composés de l'or : le chlorure d'or, par exemple, contient $65^{gr}$,7 d'or pour 35,5 de chlore, le poids atomique de l'or est donc un multiple ou sous-multiple simple de 65,7. S'il est voisin de 200, il est donc probablement égal à 197, qui est le triple de 65,7.

Il va de soi qu'une telle détermination, fondée sur une règle empirique, ne peut être regardée comme ayant la valeur de celles qui se fondent sur les isomorphismes et l'hypothèse d'Avogadro. Cette réserve est d'autant plus nécessaire que certains éléments (bore, carbone, silicium), ne vérifient sûrement pas la règle de Dulong et Petit, du moins à la température ordinaire [1]. Le nombre de ces exceptions, et l'importance des écarts, vont d'ailleurs en croissant quand la température s'abaisse, la chaleur spécifique finissant par tendre vers zéro pour n'importe quel élément (Nernst), en sorte que la règle est grossièrement fausse aux basses températures (par exemple, pour le diamant, au-dessous de — 240°, la chaleur atomique est inférieure à 0,01).

1. La chaleur spécifique de l'atome-gramme, est alors, au lieu de 6, 4,5 pour le silicium, 3 pour le bore, 2 pour le carbone.

Pourtant l'on ne peut attribuer au hasard les coïncidences si nombreuses signalées par Dulong et Petit (puis par Regnault) et l'on doit seulement modifier leur énoncé, lui donnant, je pense, la forme suivante, qui tient compte des mesures récentes :

*La quantité de chaleur nécessaire pour élever de $1°$, à volume constant*[1], *la température d'une masse solide, pratiquement nulle aux très basses températures, grandit quand la température s'élève, et finit par devenir à peu près constante*[2]. *Elle est alors de 6 calories environ par atome-gramme de n'importe quelle sorte présent dans la masse solide.*

Cette limite est atteinte plus rapidement pour les éléments dont le poids atomique est élevé : par exemple, elle est à peu près atteinte pour le plomb $(Pb = 207)$ dès la température de $— 200°$ et ne l'est pour le carbone $(C = 12)$ qu'au-dessus de $900°$.

J'insiste sur le fait que les corps composés vérifient la loi. C'est le cas dès la température ordinaire pour les fluorures, chlorures, bromures,

---

1. Du nombre brut, donné par l'expérience pour la chaleur spécifique, il convient en effet de retirer comme fait Nernst, la chaleur qu'on retrouve sous forme de travail accompli contre les forces de cohésion et que l'on calcule aisément quand on connaît la compressibilité. Eventuellement (travaux de Pierre Weiss sur les corps ferromagnétiques) il faudrait aussi en retirer celle qui sert à détruire l'aimantation spontanée du corps. Pour avoir des résultats de forme simple il faut envisager seulement, dans la chaleur absorbée, celle qui paraît servir à accroître les énergies potentielles et cinétique des divers atomes, maintenus à distances moyennes invariables.

2. Bien entendu, si le corps fond ou se volatilise, il échappe à la vérification.

iodures, sulfures, des divers métaux, mais pas encore pour les composés oxygénés. Un morceau de quartz de 60 grammes, formé par 1 atome-gramme de silicium et 2 d'oxygène, soit 3 en tout, absorbe seulement 10 calories par degré. Mais[1], au-dessus de 400°, ce même morceau absorbe uniformément 18 calories par degré, soit précisément 6 pour chaque atome-gramme.

On soupçonne au travers de ces faits une loi importante, que la notation atomique a révélée, mais dont la théorie cinétique seule a pu donner une explication approchée (n° 92).

**16**. — **Retouche**. — Nous avons vu que l'un des coefficients atomiques est arbitraire, et nous nous sommes arrangés de façon que le plus petit d'entre eux, celui de l'hydrogène, fût égal à 1. C'est en effet la convention qu'on avait d'abord faite, trouvant alors, comme je l'ai dit, 16 et 12 pour les coefficients atomiques de l'oxygène et du carbone. Mais des mesures plus précises ont bientôt montré que ces valeurs étaient un peu trop fortes, de presque 1 p. 100. On a préféré alors retoucher la convention primitive et l'on s'est entendu pour attribuer à l'oxygène (qui intervient plus souvent que l'hydrogène dans les dosages précis) exactement le coefficient atomique 16. Celui de l'hydro-gène devient alors, à un demi-millième près, 1,0076 (moyenne de valeur concordantes obtenues par des méthodes très différentes). Celui du car-bone reste 12,00 à mieux que un millième près.

---

1. D'après les mesures de Pionchon poussées jusqu'à 1 200°.

Il n'y a d'ailleurs rien à changer aux considérations qui précèdent, mais le volume V de nos récipients identiques (emplis de divers corps volatils dans l'état gazeux, à température et pression fixées) sera supposé choisi de telle sorte que ceux de ces récipients qui contiennent de l'oxygène en contiennent exactement 16 grammes, ou un multiple de 16 grammes.

**17. — Hypothèse de Prout. Règle de Mendéleïeff. —** On a remarqué, dans le paragraphe qui précède, que la différence des coefficients atomiques du carbone et de l'oxygène est exactement de 4, soit à peu près 4 fois celui de l'hydrogène [1]. Pour rendre compte de ce cas et d'autres semblables, Prout avait imaginé que les différents atomes s'obtenaient, sans perte de poids, par l'union (en complexes extrêmement solides et pour nous insécables) d'un nombre nécessairement entier de protoatomes d'*une seule sorte*, constituant universel de toute matière, peut-être identiques à nos atomes d'hydrogène, et peut-être 2 fois ou 4 fois moins pesants.

Les déterminations précises qui se sont depuis multipliées rendent insoutenable, sous cette forme simpliste, l'hypothèse de Prout. Le protoatome, s'il existe, est beaucoup moins pesant. Quelque chose doit pourtant subsister de cette hypothèse comme cela saute aux yeux en lisant la liste des coefficients atomiques, dont on a écrit ci-dessous les ving-cinq premiers termes, dans l'ordre de

1. Ou 1 fois celui de l'hélium (voir nº 108).

grandeur croissante (sauf une inversion, peu importante, pour l'argon).

$$\text{Hydrogène H} = 1{,}0076.$$

Hélium He $= 4{,}0$ ; lithium Li $= 7{,}00$ ; glucinium Gl $= 9{,}1$ ; bore B $= 11{,}0$ ; carbone C $= 12{,}00$ ; azote (ou nitrogène) N $= 14{,}01$ ; oxygène O $= 16{,}000$ ; fluor F $= 19{,}0$.

Néon Ne $= 20{,}0$ ; sodium Na $= 23{,}00$ ; magnésium Mg $= 24{,}3$ ; aluminium Al $= 27{,}1$ ; silicium Si $= 28{,}3$ ; phosphore P $= 31{,}0$ ; soufre S $= 32{,}0$ ; chlore Cl $= 35{,}47$.

Argon A $= 39{,}9$ ; potassium K $= 39{,}1$ ; calcium $40{,}1$ ; scandium Sc $= 44$ ; Titane Ti $= 48{,}1$ ; vanadium V $= 51{,}2$ ; chrome Cr $= 52{,}1$ ; manganèse Mn $= 55{,}0$.

Si les valeurs des coefficients atomiques étaient distribuées au hasard, on pourrait s'attendre à ce que 5 éléments sur 25 aient un coefficient entier à 0,1 près[1] ; or, sans parler de l'oxygène (auquel on a imposé un coefficient entier) 20 éléments se trouvent dans ce cas. On pourrait s'attendre à ce que 1 élément ait un coefficient entier à 0,02 près, et 9 sont dans ce cas. *Une cause encore inconnue maintient donc la plupart des différences des poids atomiques au voisinage de valeurs entières.* Nous concevrons un peu plus tard que cette cause peut se rattacher à la *transmutation* spontanée des éléments.

---

1. Car le cinquième d'un grand nombre de points marqués au hasard sur une règle graduée en centimètres subdivisés en millimètres tombe dans les segments chacun de 2 millimètres qui contiennent les bouts de chaque centimètre.

On pourrait objecter que nous nous sommes limités aux plus petits coefficients atomiques ; en fait, nous pouvions continuer la liste sans avoir à changer nos conclusions ; mais les incertitudes de l'ordre de 0,25 sont fréquentes pour les poids atomiques élevés, qui ne peuvent donc guère pour l'instant entrer en ligne de compte dans cette discussion.

Une autre régularité bien surprenante, signalée par Mendéleyeff, a été mise en évidence dans le tableau précédent où l'on voit se correspondre l'hélium, le néon, et l'argon (de valence nulle), le lithium, le sodium, le potassium (métaux alcalins univalents) ; le glucinium, le magnésium, le calcium (alcalino-terreux bivalents), et ainsi de suite. On voit par là s'indiquer la loi que je ne peux discuter plus longuement :

*Au moins de façon approximative, quand on classe les atomes par ordre de masse croissante, on retrouve périodiquement des atomes analogues aux premiers atomes classés.*

Il peut être intéressant de rappeler que, Mendéleyeff ayant signalé deux lacunes probables dans la série des atomes entre le zinc (Zn = 65,5) et l'arsenic (As = 75), ces lacunes furent bientôt comblées par la découverte de 2 éléments, le gallium (Ga = 70) et le germanium (Ge = 72) ayant respectivement les propriétés prévues par Mendéleyeff.

Aucune théorie jusqu'à ce jour n'a rendu compte de cette loi de périodicité.


**18. — Molécules-gramme, et nombre d'Avogadro. —** Pour atteindre les coefficients atomiques, nous avons eu à considérer des récipients identiques, pleins des divers corps, dans l'état gazeux, à une température et sous une pression telles qu'il y ait exactement 16 grammes d'oxygène, ou un multiple de 16 grammes, dans ceux de ces récipients qu'emplit un gaz oxygéné. Les masses des corps purs qui empliraient dans ces conditions nos divers récipients sont souvent appelées molécules-gramme.

*Les molécules-gramme des divers corps sont les masses de ces corps, qui dans l'état gazeux très dilué (même température et même pression) occupent toutes des volumes égaux, la valeur commune de ces volumes étant fixée par la condition que, parmi celles de ces masses qui contiennent de l'oxygène, celles qui en contiennent le moins en contiennent exactement 16 grammes.*

Plus brièvement, mais sans bien faire apparaître la signification théorique de l'expression, on peut dire :

La molécule-gramme d'un corps est la masse de ce corps qui dans l'état gazeux dilué occupe le même volume que 32 grammes d'oxygène à la même température et sous la même pression (soit sensiblement 22 400 centimètres cubes dans les conditions « normales »).

Dans l'hypothèse d'Avogadro, toutes les molécules-gramme doivent être formées par le même nombre de molécules. Ce nombre N est ce que l'on appelle la *Constante d'Avogadro*, ou le *Nombre d'Avogadro*.

Dire que 1 molécule-gramme contient 1 atome-gramme d'un certain élément, c'est dire que chacune des N molécules de cette molécule-gramme renferme 1 atome de cet élément, et par suite que son atome-gramme est formé par N atomes. La masse de chaque atome s'obtient donc en divisant par le nombre d'Avogadro l'atome-gramme correspondant, comme celle d'une molécule en divisant par ce nombre N la molécule-gramme correspondante. La masse $o$ de l'atome d'oxygène est $\frac{16}{N}$, celle $h$ de l'atome d'hydrogène $\frac{1,0076}{N}$, celle $co_2$ de la molécule de gaz carbonique $\frac{44}{N}$, et ainsi de suite. Trouver le nombre d'Avogadro serait trouver toutes les masses de molécules et des atomes.

**19.** — **Formules moléculaires.** — Une molécule-gramme qui contient N molécules formées par $p$ atomes d'hydrogène, $q$ atomes d'oxygène, $r$ atomes de carbone, contient par là même $p$H grammes d'hydrogène, $q$O d'oxygène, $r$C de carbone. La formule $H_p O_q C_r$ qui exprime clairement combien d'atomes de chaque sorte sont contenus dans la molécule, ou combien d'atomes-gramme dans la molécule-gramme, est dite *Formule moléculaire.*

Les exemples que nous avons donnés (n° 14), pour faire comprendre comment les densités de gaz indiquent les rapports atomiques, montrent que la formule moléculaire de l'eau est $H_2O$ (et non pas HO), que celle du méthane est $CH_4$ ou celle de l'acétylène $C_2H_2$. On voit également sur ces exemples, et cela est fort intéressant, qu'il faut attribuer la formule $H_2$ à l'hydrogène (qui apparaît ainsi comme une combinaison biatomique), la formule $O_2$ à l'oxygène, la formule $O_3$ à l'ozone[1]. Il y a aussi des molécules monoatomiques ; telles sont celles qui forment les vapeurs de mercure, de zinc ou de cadmium.

## Structure des molécules.

**20.** — **Les substitutions.** — L'importance de la notation chimique issue de l'hypothèse d'Avogadro se marque particulièrement dans le pouvoir immense qu'elle nous apporte pour la représentation ou la prévision des réactions. La notion de substitution chimique, si importante en chimie organique, est, en particulier, directement suggérée par cette notation.

A du méthane, de formule moléculaire $CH_4$, mélangeons du chlore, et exposons le mélange à l'action (ménagée) de la lumière. Ce mélange s'altère, et bientôt, outre de l'acide chlorhydrique, admettra pour composants[2] les quatre corps qui ont pour formules moléculaires $CH_4$ (méthane), $CH_3Cl$ (méthane monochloré ou chlorure de méthyle), $CH_2Cl_2$ (méthane dichloré), $CHCl_3$ (chloroforme), $CCl_4$ (tétrachlorure de carbone).

---

1. On voit qu'il n'est pas plus logique de dire « atome d'oxygène » que de dire « atome d'ozone ». A chaque sorte d'atomes devrait correspondre un nom distinct des noms des divers corps que peuvent former en se combinant les atomes de cette sorte.

2. Que l'on peut séparer par des fractionnements, ou simplement caractériser dans le mélange, étant donné qu'on sait d'autre façon préparer purs ces mêmes corps.

On passe de l'une de ces formules à la suivante en remplaçant dans l'écriture un H par un Cl, et il est impossible de ne pas se demander si la réaction chimique correspondante ne consiste pas seulement dans la *substitution* de 1 atome de chlore à 1 atome d'hydrogène, sans autre remaniement, et sans modification de la structure moléculaire. Si naturelle que soit cette hypothèse, c'est cependant une hypothèse, car un bouleversement pourrait se produire dans la situation et dans le genre de liaison des atomes quand le groupement perd 1 atome d'hydrogène et gagne 1 atome de chlore.

**21. — Un essai pour déterminer les poids atomiques par voie purement chimique.** — Certains savants ont cru trouver dans les substitutions un moyen rigoureux d'atteindre les rapports des poids des atomes, moyen qui dispenserait de faire appel aux densités des gaz et à l'hypothèse d'Avogadro. Je crois devoir donner idée de ces raisonnements instructifs, bien que sans doute insuffisamment rigoureux.

Si par exemple on estime que, même dans l'ignorance complète des formules moléculaires (et c'est toute la question), on serait fondé à regarder comme probable que l'hydrogène du méthane peut être « remplacé » par quarts, on ne pourra nier que la molécule du méthane contient probablement 4 atomes d'hydrogène. Or, cette molécule, comme toute masse de méthane (d'après l'analyse en poids) pèse 4 fois autant que l'hydrogène qu'elle contient ; la molécule de méthane pèse donc 16 fois autant que l'atome d'hydrogène. On trouverait avec le même degré de probabilité, par des procédés semblables, que la molécule de benzine contient 6 atomes d'hydrogène, et pèse 78 fois plus que l'atome d'hydrogène. Les masses moléculaires du méthane et de la benzine sont donc dans le rapport de 16 à 78. D'autre part (encore comme pour toute masse de méthane) le carbone de la molécule de méthane pèse 3 fois plus que l'hydrogène qu'elle contient, donc 12 fois plus que l'atome d'hydrogène, et ce carbone est probablement fait d'un seul atome, car aucun corps, ainsi étudié par « substitution », ne donne un rapport plus faible entre le carbone contenu dans sa molécule et l'atome d'hydrogène. Le carbone de la molécule de benzine, qui pèse 12 fois autant que les 6 atomes d'hydrogène, c'est-à-dire 72 fois autant que l'atome d'hydrogène, est donc fait de 6 atomes.

Nous aurions ainsi, par voie purement chimique, le rapport $1/12$ des masses atomiques de l'hydrogène et du carbone, avec les formules moléculaires $CH_4$ et $C_6H_6$ du méthane et de la benzine, et le rapport $16/78$ des masses de leurs molécules.

Deux masses de ces corps qui sont dans ce rapport de 16 à 78 contiendront donc autant de molécules l'une que l'autre. Or, des mesures de densité montrent que les masses de méthane et de benzine qui, dans l'état gazeux, occupent le même volume à la même température et sous la même pression sont entre elles précisément comme 16 et 78, et par suite doivent contenir autant de molécules. Ce résultat, généralisé, donnerait l'énoncé d'Avogadro, mais cette fois comme Loi, et non comme Hypothèse.

On complètera aisément ces indications de la théorie séduisante [1] qu'on doit, je crois, principalement, à L.-J. Simon. Après avoir pensé un instant qu'elle donnait plus logiquement que toute autre les coefficients atomiques et la loi d'Avogadro, je crois décidément, avec G. Urbain, que, tout intéressante qu'elle soit, elle ne suffit pas à cette détermination.

D'abord, en aucun cas, elle n'a réellement servi pour fixer les coefficients atomiques, tous déjà obtenus par les moyens que nous avons résumés. Et c'est au contraire cette connaissance qui a permis de comprendre la plupart des réactions de substitution.

Puis je ne vois même pas comment elle aurait pu servir. Évidemment, si l'on accorde, sans y prendre garde, comme prouvé par l'expérience, que l'hydrogène du méthane peut être remplacé par quarts, tout le reste s'ensuit. Mais ce mot « remplacé », que suggéraient immédiatement par leur aspect les formules moléculaires *supposées connues*, aurait-il été suggéré par les seules réactions chimiques et par l'examen sans idée préconçue des produits de ces réactions?

Il s'en faut, en effet, que ces produits de l'action progressive du chlore sur le méthane se ressemblent aussi étroitement que se ressemblent par exemple les divers aluns, ou les chlorures, bro-

---

1. Elle a été récemment imposée (à l'exclusion de toute autre !) à notre agrégation d'enseignement secondaire des jeunes filles.

mures et iodures d'un même métal. Alors l'analogie est si frappante que l'idée de substitution s'impose (bien que, en fait, le mot n'ait pas été employé pour ces cas) et a donné, comme nous avons vu, *antérieurement* à tout autre renseignement, une indication précieuse sur les poids atomiques.

Au contraire, il est douteux que des chimistes *réellement* ignorants de la formule du méthane auraient su reconnaître entre le méthane et le chlorure de méthyle des analogies assez grandes pour imposer la conviction d'une structure moléculaire identique. Ils auraient très bien pu (et ce n'est là qu'une des hypothèses possibles), prenant 6 et 1 comme poids atomiques du carbone et de l'hydrogène, admettre que les formules des deux corps en question sont $CH_2$ et $CH_2CHCl$, faisant ainsi du chlorure de méthyle un composé d'addition. Et faut-il rappeler que précisément, pendant un demi-siècle, la majorité des chimistes, tout en sachant parfaitement que le potassium chasse la moitié seulement de l'hydrogène dans l'eau qu'il attaque, donnaient à l'eau la formule $HO$ et à la potasse la formule $KOHO$, voyant dans ce corps un composé d'addition alors que nous y voyons un composé de substitution, de formule $KOH$, depuis que nous donnons à l'eau la formule $HOH$ ?

Bref, une théorie purement chimique qui suffise à déterminer les coefficients atomiques et les formules moléculaires n'a pas encore été donnée, et il semble douteux que, à partir des faits actuellement connus, on puisse en formuler une qui en réalité ne suppose pas la connaissance préalable de ces coefficients atomiques et d'au moins quelques formules moléculaires fondamentales.

**22. — Dislocation minimum des molécules réagissantes. Valence.** — Comme nous l'avons annoncé, les substitutions suggérées par l'examen des formules moléculaires permettent de prévoir et d'interpréter un nombre immense de réactions, et par là donnent une confirmation éclatante à l'hypothèse d'Avogadro. Il y faut encore, toutefois, de nouvelles hypothèses, qui précisent et élargissent la notion de substitution.

Quand nous disons que le méthane $CH_4$ et le chlorure de méthyle $CH_3Cl$ ont la même structure moléculaire, nous supposons que le groupement $CH_3$ n'a pas été modifié par la chloruration et qu'il est lié à l'atome $Cl$ comme il l'était à l'atome $H$. C'est là un postulatum constamment employé en chimie : sans cesse on raisonne (sans toujours le dire assez clairement) comme si la molécule réagissante éprouvait le plus faible bouleversement intérieur qui soit compatible avec la réaction. On dira par exemple que le groupement $CH_3$ du chlorure de méthyle *existe* dans la molécule $CH_4O$ d'alcool méthylique (qu'on écrira donc $CH_3OH$) parce que l'action de l'acide chlorhydrique $HCl$ sur cet alcool donne (avec de l'eau $HOH$) ce chlorure de méthyle $CH_3Cl$ que nous connaissons déjà.

Ainsi, quand on démonte un appareil formé de pièces qu'assemblent des vis ou des crochets, on peut en détacher, en la laissant intacte, toute une partie importante, puis éventuellement l'ajuster en utilisant les mêmes crochets ou points d'attache, dans un second appareil. Cette image grossière fait suffisamment comprendre comment il peut y avoir substitution, non seulement d'un atome à un atome, mais d'un groupe d'atomes à un groupe d'atomes, et le genre même des liaisons qu'elle fait intervenir se trouve assez bien correspondre aux idées qu'on s'est fait sur la combinaison chimique.

Nous n'avons rien supposé encore, en effet, sur les forces qui maintiennent assemblés les atomes d'une molécule. Il se pourrait que chaque atome de cette molécule fût lié à *chacun* des autres par une attraction variable suivant leur nature et décroissant rapidement avec la distance. Mais une telle hypothèse ne conduit à aucune prévision vérifiable et se heurte à des difficultés considérables. Si l'atome d'hydrogène est attiré par l'atome d'hydrogène, pourquoi la seule molécule construite avec des atomes d'hydrogène serait-elle $H_2$, en sorte que la capacité de combinaison de l'hydrogène avec lui-même est épuisée dès que deux atomes se trouvent unis ? Tout se passe pour nous comme si de chaque atome d'hydrogène sortait une *main*, et une seule. Dès que cette main saisit une autre main, la capacité de combinaison de l'atome est épuisée : l'atome d'hydrogène est dit *monovalent* (ou mieux univalent).

Plus généralement nous admettrons que les atomes d'une molécule sont assemblés par des sortes de crochets ou de *mains*, chaque liaison unissant deux atomes seulement, *sans s'inquiéter absolument des autres atomes présents*. Naturellement personne ne pense qu'il y ait réellement sur les atomes de petits crochets ou de petites mains, mais les forces complètement inconnues qui les unissent doivent être équivalentes à de tels liens, que l'on appelle valences pour éviter l'emploi d'expressions trop anthropomorphiques.

Si tous les atomes étaient monovalents, une molécule ne pourrait jamais contenir que deux atomes : il y a donc des atomes polyvalents. Dès lors rien ne limite le nombre d'atomes d'une molécule sinon la fragilité sans cesse plus grande d'une molécule formée de plus d'atomes (le nombre des enfants qui forment une ronde en se tenant par la main n'est pas limité). L'oxygène, par exemple, est au moins bivalent, puisque, outre la molécule $O_2$, ses atomes peuvent former la molécule $O_3$ de l'ozone.

L'image même que nous avons donnée suffit à suggérer que le nombre de valences utilisées par un atome peut varier d'une combinaison à une autre. Si un homme avec ses deux mains représente un atome bivalent, nous ne pourrons nous empêcher de songer qu'il pourrait laisser une main dans une de ses poches et fonctionner alors comme monovalent, ou que, éventuellement, *faisant intervenir une valence d'une nature différente*, il pourrait saisir un objet avec ses dents et fonctionner ainsi comme trivalent, ce qui n'empêche que le plus ordinairement on pourra négliger cette possibilité.

De même chaque atome conserve en général

autant de valences dans les divers composés où il entre. Jamais on n'a été conduit à supposer l'hydrogène polyvalent ; le chlore, le brome ou l'iode, qui peuvent remplacer l'hydrogène atome par atome, sont aussi univalents. L'oxygène est généralement bivalent comme dans l'eau $HOH$, l'azote trivalent comme dans le gaz ammoniac $NH_3$ ou pentavalent comme dans le sel ammoniac $NH_4Cl$, le carbone quadrivalent comme dans le méthane $CH_4$. Mais l'existence indiscutable des molécules $NO$ du bioxyde d'azote suffit à rappeler que l'oxygène et l'azote ne sont pas toujours l'un bivalent, l'autre trivalent, et de même l'oxygène et le carbone ne peuvent conserver tous deux en même temps leurs valences ordinaires dans l'oxyde de carbone $CO$. Il va de soi que si de pareilles anomalies étaient fréquentes, la notion de valence, même fondée, perdrait beaucoup de son utilité.

**23.** — **Formules de constitution.** — Quand on connaît les conditions de formation d'un composé, on peut souvent, en admettant que la dislocation est restée minimum, déterminer de façon complète quels atomes sont liés dans la molécule de ce composé, et par combien de valences ils sont reliés. C'est ce qu'on appelle établir la constitution du composé. Un doute peut subsister, tant que cette constitution est déterminée par une seule série de réactions. Mais ce doute deviendra faible si plusieurs séries de réactions différentes suggèrent la même constitution. Représentant par un tiret chaque valence saturée, on saura alors représenter le composé par une *formule de constitution*, qui aura un pouvoir de représentation immense en ce qui regarde les réactions possibles du composé. Par exemple, on arrivera de diverses manières à penser que les liaisons dans la molécule d'acide acétique sont exprimées par la formule

$$\begin{array}{ccc} H & & O \\ | & & \| \\ H - C - & C - & O - H \\ | & & \\ H & & \end{array}$$

qui rappelle immédiatement les rôles différents des atomes d'hydrogène (trois remplaçables par du chlore, et le quatrième par un métal) des atomes d'oxygène (le groupement OH étant chassé dans la formation du chlorure d'acide $CH_3COCl$) et des atomes de carbone eux-mêmes (l'action d'une base KOH sur un acétate $CH_3CO_2K$, partage le molécule en méthane et carbonate).

Les formules de constitution ont pris une importance capitale dans la chimie du carbone. Je signalerai la facilité avec laquelle elles expliquent les différences de propriétés entre corps *isomères* (molécules formées des mêmes atomes liés de façons différentes [1]), et permettent de prévoir le nombre des isomères possibles. Mais je ne peux m'étendre plus longuement sur les ser-

1. Par exemple l'éthanolal $HO - \overset{\overset{\displaystyle H}{|}}{C} - \overset{\overset{\displaystyle O}{\|}}{C} - H$ qui possède une fonction aldéhyde et une fonction alcool est un isomère de l'acide acétique.

vices qu'elles ont rendus, et je me borne à observer que les 200.000 formules de constitution dont la Chimie organique a tiré parti[1] donnent en définitive autant d'arguments en faveur de la notation atomique et de la théorie de la valence[2].

**24. — Stéréochimie**. — La constitution de la molécule une fois connue, en ce qui regarde les liaisons des atomes, on s'est demandé, raisonnant comme si cette molécule était un édifice à peu près rigide de forme définissable, quelle configuration dessinent dans l'espace ses divers atomes. On s'est proposé, en quelque sorte, de dessiner un modèle à trois dimensions, indiquant les positions respectives des atomes de la molécule. Ce nouveau problème, qui aurait pu ne pas avoir de sens (les valences auraient pu fonctionner comme des liens souples, à point d'attache mobile sur l'atome, n'imposant pas de configuration déterminée), a reçu un commencement de solution grâce à de beaux travaux de Pasteur, Le Bel et van t'Hoff, auxquels je veux au moins faire une allusion.

1. Voir *Dictionnaire de Beilstein*.

2. Il est d'ailleurs possible et même probable que, indépendamment des valences, des liaisons de genre différent, moins robustes, également à capacité de saturation limitée, puissent intervenir entre atomes ou molécules, donnant ces « combinaisons moléculaires », telles que sels doubles ou *sels complexes*, surtout signalées dans l'état solide. Uniquement pour comprendre la possibilité des liaisons différentes, disons que les valences ordinaires pourraient être dues à des attractions électrostatiques, et que en outre deux molécules (ou même deux atomes) pourraient s'attirer comme des aimants, capables de former des systèmes astatiques sans action magnétique extérieure) polymérisation par doublement de la molécule, fréquemment observée.

Supposons que dans une molécule de méthane $CH_4$, on remplace successivement les 4 atomes d'hydrogène, par 4 groupements monovalents $R_1$, $R_2$, $R_3$, $R_4$, tous différents entre eux. Si ces 4 groupements pouvaient occuper n'importe quelle place autour du carbone, un seul composé de substitution pourrait ainsi être obtenu. Or, on en trouve deux, à la vérité fort analogues, identiques mêmes pour certaines propriétés (même point de fusion, même solubilité, même pression de vapeur, etc.) mais nettement différents à d'autres égards. Par exemple leurs cristaux, identiques au premier aspect, diffèrent en réalité comme font un gant de la main droite et un gant de la main gauche, qui, nous le savons assez, ne peuvent pas se remplacer l'un l'autre.

On comprendra cette isomérie si l'on admet que les 4 valences du carbone s'attachent aux 4 sommets d'un tétraèdre régulier, pratiquement indéformable. Il y a en effet deux façons non superposables de disposer aux sommets d'un tel tétraèdre 4 objets tous différents, et les deux arrangements sont symétriques par rapport à un miroir comme un gant droit et un gant gauche. Si d'ailleurs le tétraèdre n'était pas régulier, plus de deux arrangements donnant un solide différent seraient possibles (et d'ailleurs on devrait alors obtenir aussi, contrairement à l'expérience, plusieurs dérivés bisubstitués de même formule $CH_2R'R''$).

Il devient donc probable que les édifices moléculaires sont comparables, au moins approximativement, à des corps solides, dont la *stéréochimie* (de στερεος, solide), s'efforce de déterminer la configuration. Cette rigidité des liaisons entre atomes nous semblera plus probable encore quand nous connaîtrons les chaleurs spécifiques des gaz (n° 44).

## Les solutions.

**25**. — **Lois de Raoult**. — Les méthodes physiques ou chimiques dont on vient de lire l'exposé ne suffisent pas toujours à fixer la constitution ou même la formule moléculaire des divers corps. Elles trouvent heureusement un auxiliaire précieux dans l'étude expérimentale des solutions étendues.

Ce sont les corps non volatils dont il peut nous être difficile de trouver la formule. Tel sera le cas pour de nombreux « hydrates de carbone » dont l'analyse nous prouvera seulement qu'ils doivent avoir la formule $C_nH_{2n}O_n$ et dont les propriétés chimiques ne suffisent pas toujours pour déterminer $n$.

Or on sait précisément depuis longtemps que lorsqu'un corps non volatil est soluble dans un liquide, dans de l'eau par exemple, la température de congélation est plus basse, la pression de vapeur plus faible, et la température d'ébullition plus élevée, que pour le dissolvant pur. C'est ainsi que l'eau de mer se congèle à — 2° et bout (sous la pression normale) à 100°,6.

Mais, en se bornant à étudier les solutions salines dans l'eau, on n'avait pas su préciser ces règles qualitatives. En expérimentant sur les solutions qui, à l'inverse de ces solutions salines, ne conduisent pas notablement l'électricité, ne sont pas des « électrolytes », Raoult établit les lois suivantes (1884) :

1º *Pour chaque matière dissoute, l'influence est proportionnelle à la concentration* [1]. L'abaissement de la température de congélation est 5 fois plus grand pour de l'eau sucrée qui contient 100 grammes de sucre par litre que pour celle qui n'en contient que 20 grammes.

2º *Deux matières quelconques exercent la même influence à concentration moléculaire égale.* De façon plus précise, deux solutions (dans le même solvant) qui contiennent à volume égal autant de molécules-grammes dissoutes, ont même température de congélation, même pression de vapeur, et même température d'ébullition.

Il nous suffirait pour l'instant de savoir ces règles ; ajoutons cependant que les énoncés de Raoult, plus complets, disent quelle influence est due à une concentration moléculaire donnée. Si l'on a dissous, dans $\mathfrak{N}$ molécules-gramme d'un solvant qui avait la pression de vapeur $p$, $n$ molécules-gramme (quelconques), obtenant ainsi une solution de pression $p'$, l'abaissement relatif de pression c'est-à-dire $\dfrac{p - p'}{p}$ est sensiblement égal à $\dfrac{\mathfrak{N}}{n}$ : en dissolvant 1 molécule-gramme quelconque dans 100 molécules-gramme de sol-

---

1. Loi énoncée avant Raoult, par Wüllner et Blagden, mais au sujet d'électrolytes pour lesquels précisément elle n'est pas exacte.

vant, on abaisse la pression de vapeur du centième de sa valeur [1].

En ce qui regarde toutes ces lois, il est bien entendu que la solution doit être *étendue*, c'est-à-dire que la concentration moléculaire doit être comparable à celles pour lesquelles les gaz vérifient la loi de Mariotte (tout au plus de l'ordre de 1 molécule-gramme par litre).

Il est raisonnable de penser que ces lois s'appliquent aux corps dont nous ne savons pas encore la formule moléculaire, aussi bien qu'à ceux dont nous avons la formule. Si alors une masse $m$ d'un corps à formule encore inconnue produit par exemple sur la température d'ébullition en solution alcoolique une variation 3 fois plus faible que ne ferait une quelconque des molécules-gramme déjà connues dissoutes dans le même volume, c'est que la molécule-gramme inconnue est égale à $3\,m$. Par là s'accroît énormément notre pouvoir de détermination des coefficients moléculaires.

**26. — Analogie des gaz et des solutions étendues. Pression osmotique.** — Les lois de Raoult, si claires et si précises, n'étaient pourtant que des règles empiriques. *Van t'Hoff* leur donna une signification profonde en les rattachant aux lois essentielles de l'état gazeux, qu'il sut retrouver dans les solutions étendues.

---

1. Les règles précises relatives aux variations de température d'ébullition et de congélation s'ensuivent nécessairement de celle qui donne la variation de pression, par un raisonnement de thermodynamique dont il me suffit ici de signaler l'existence.

La notion de lois communes à toutes les matières diluées, gazeuses ou dissoutes, lui fut suggérée par les recherches de divers botanistes sur l'os- mose.; Toute cellule vivante s'enveloppe d'une membrane qui laisse passer l'eau, mais arrête la diffusion de certaines matières dissoutes, la cellule gagnant ou perdant de l'eau suivant la concentration du milieu aqueux où elle est plongée (de Vries), ce qui forcément fait grandir ou diminuer la pression dans l'intérieur de la cellule (on sait bien que des fleurs se redressent si leur tige plonge dans l'eau pure ; elles se « fanent » si cette eau est salée ou sucrée).

Pfeffer réussit à fabriquer des cellules artificielles indéformables entourées d'une membrane de ferrocyanure de cuivre qui possède ces propriétés [1]. Quand une de ces cellules, munie d'un manomètre et pleine d'eau sucrée, est plongée dans l'eau pure, la pression intérieure s'élève progressivement, donc il entre de l'eau. D'autre part on s'assure aisément qu'il ne sort pas de sucre : la membrane de ferrocyanure est dite *semi-perméable*. L'excès de la pression intérieure sur la pression extérieure tend du reste vers une limite, *proportionnelle à la concentration* pour chaque température, qui grandit quand la température s'élève, et qui redevient la même (la cellule

---

1. Vases de piles, en porcelaine poreuse imprégnée de précipité membraneux de ferrocyanure du cuivre. Le vase, d'abord imbibé d'eau, empli d'une solution de sulfate de cuivre, est plongé dans une solution de ferrocyanure de potassium. La membrane de précipité se forme dans le tissu spongieux de la porcelaine, où elle ne pourra se déplacer. On lave le vase, on l'emplit d'eau sucrée, on le ferme par des mastiquages robustes.

perdant alors de l'eau) quand la température reprend sa première valeur. Cette différence limite, atteinte quand il y a *équilibre*, est la *pression osmotique* de la solution[1].

Si donc au fond d'un corps de pompe se trouvait de l'eau sucrée, et, au-dessus, de l'eau pure, séparée de la solution par un piston semi-perméable, on pourrait refouler ou laisser se détendre le sucre au sein de l'eau, selon qu'on appuierait sur le piston avec une force supérieure ou inférieure à celle qui équilibre juste la pression osmotique. De plus, comme cette pression, étant proportionnelle à la concentration, est en raison inverse du volume occupé par le sucre, on ne saurait pas, à ne considérer que le travail de compression, si l'on appuie sur un gaz ou sur une matière dissoute.

Van t'Hoff qui sut présenter sous cet aspect les expériences de Pfeffer, eut ainsi l'intuition que (loi de Van t'Hoff) :

*Toute matière dissoute exerce, sur une paroi qui l'arrête et laisse passer le dissolvant, une pression osmotique égale à la pression qui serait développée dans le même volume par une matière gazeuse contenant le même nombre de molécules-gramme.*

En admettant l'hypothèse d'Avogadro, cela revient à dire que :

*Dans l'état gazeux ou dissous, un même nombre de molécules quelconques, enfermées*

---

1. Ordre de grandeur : 4 atmosphères à la température ordinaire pour une solution de sucre à 6 p. 100.

*dans le même volume à la même température, exercent la même pression sur les parois qui les arrêtent.*

L'énoncé de Van t'Hoff, appliqué au sucre (dont la molécule-gramme est 342 gr.) donne à 1 p. 100 près les pressions osmotiques mesurées par Pfeffer. Cette confirmation, bien frappante, pouvait à la rigueur être accidentelle. Mais Van t'Hoff a levé tous les doutes en montrant que son énoncé résulte nécessairement de diverses lois déjà connues. *En particulier, si les lois de Raoult sont exactes, la loi de Van t'Hoff est nécessairement exacte (et réciproquement)* [1].

1. C'est ce qu'on voit aisément par un raisonnement (postérieur) d'Arrhenius.

Soit, en un lieu où l'intensité de la pesanteur est $g$, dans une

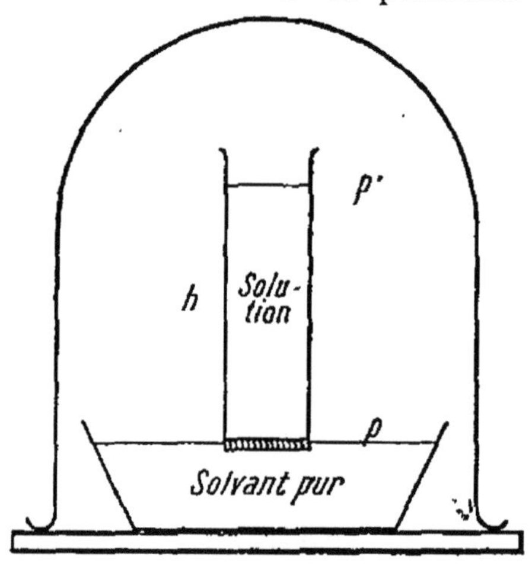


Fig. 1.

enceinte vide d'air, une colonne verticale de solution affleurant le solvant pur par un fond semi-perméable. La solution contient $n$ molécules-gramme du corps dissous (non volatil) pour $\mathfrak{M}$ de solvant. L'équilibre est supposé réalisé, pour une différence $h$ des deux niveaux. Soit $d$ la densité (moyenne) de la vapeur, D celle beaucoup plus grande du solvant (presque égale à celle de la solution). Soient

**27.** — **Les Ions. Hypothèse d'Arrhenius**. — Nous ne savons pas encore à quoi tient qu'une solution conductrice, de l'eau salée par exemple, ne vérifie pas les lois de Raoult (et par suite les lois de Van t'Hoff).

Disons d'abord quel est le sens de l'écart : la masse d'eau salée qui contient 1 atome-gramme de sodium (Na $= 23$) et 1 atome-gramme de chlore (Cl $= 35,5$) soit en tout 1 molécule-gramme $58^{gr},5$ de chlorure de sodium NaCl se congèle à plus basse température que ne ferait une solution de même volume renfermant 1 molécule-gramme d'un corps non conducteur, tel que le sucre. Quand la dilution augmente, le rapport des abaisse-

---

$p'$ et $p$ les pressions de vapeur au contact de la solution et du solvant. Alors, par définition de la pression osmotique P, la pression au fond de la solution est $(p + P)$. Le théorème fondamental de l'hydrostatique, appliqué pour la solution et la vapeur donne alors :

$$p - p' = g\,h\,d$$

et
$$p + P = p' + g\,h\,D$$

soit sensiblement, en éliminant $g\,h$

$$P = (p - p')\,\frac{D}{d} = \frac{p - p'}{p}\,\frac{p}{d}\,D$$

c'est-à-dire, d'après une loi de Raoult plus haut énoncée,

$$P = \frac{n}{\mathfrak{M}}\,\frac{p}{d}\,D$$

soit $v$ le volume, dans l'état gazeux sous la pression $p$, de 1 molécule-gramme M du solvant (en sorte que $\frac{p}{d}$ est égal à $\frac{pv}{M}$); observons de plus que $\frac{\mathfrak{M}M}{nD}$ est le volume V qu'occupe dans la solution une molécule-gramme du corps dissous. Il reste alors :

$$P\,V = p\,v$$

c'est précisément la loi de Van t'Hoff.

ments de congélation ainsi produits par 1 molécule-gramme de sel et par 1 molécule-gramme de sucre va en croissant et tend vers 2, en sorte que, en solution très étendue, 1 molécule-gramme de sel a la même influence que 2 molécules-gramme de sucre.

Tout se passerait de cette façon, si, en solution, le sel était partiellement dissocié en deux composants vérifiant séparément les lois de Raoult, et si cette dissociation devenait complète quand la dilution est très grande. Il faudrait donc admettre que les molécules NaCl se brisent en atomes Na de sodium et Cl de chlore et qu'une solution très étendue de sel marin ne renferme réellement plus de sel, mais du sodium et du chlore, à l'état d'atomes libres. Et c'est bien ce qu'osa soutenir avec une hardiesse géniale, un jeune homme de vingt-cinq ans, *Arrhenius* (1887).

Cette idée parut déraisonnable à beaucoup de chimistes, et cela est bien curieux, car, ainsi qu'*Ostwald* le remarqua aussitôt, elle était en réalité profondément conforme aux connaissances qui leur étaient le plus familières, et à la nomenclature binaire employée pour les sels : que tous les *chlorures* dissous aient en commun certaines réactions quel que soit le métal associé au chlore, cela se comprend très bien si dans toutes ces solutions existe une même sorte de molécules, qui ne peut être que l'atome de chlore ; dans les chlorates, qui ont en commun d'autres réactions, la molécule commune ne serait plus Cl, mais le groupement $ClO_3$, et ainsi de suite.

Sans se préoccuper de cet argument, les adversaires d'Arrhenius trouvaient absurde qu'on pût supposer des atomes de sodium libres dans l'eau. « On sait bien, disaient-ils, que le sodium mis au contact de l'eau, la décompose aussitôt en chassant de l'hydrogène. Et d'ailleurs, si du chlore et du sodium coexistaient dans l'eau salée, simplement mélangés comme deux gaz qui occupent un même récipient, n'aurait-on pas quelque moyen de les séparer l'un de l'autre, par exemple en superposant à l'eau salée de l'eau pure dans laquelle les constituants Na et Cl diffuseraient sans doute avec des vitesses inégales ? Or ce procédé de séparation échoue, non seulement pour le sel marin (l'égalité des vitesses pourrait exceptionnellement se trouver réalisée) mais pour tous les électrolytes ».

Arrhenius répondait à ces objections en s'appuyant sur le fait que les solutions anormales conduisent l'électricité. Cette conductibilité s'explique si les atomes Na et Cl que donne par dissociation une molécule de sel sont chargées d'électricités contraires (comme sont après séparation un disque de cuivre et un disque de zinc d'abord au contact). Plus généralement, toute molécule d'un électrolyte peut de même se dissocier en atomes (ou groupes d'atomes) chargés électriquement, que l'on appelle des *ions*. On admet que tous les ions d'une même sorte, tous les ions Na par exemple d'une solution de NaCl, portent exactement la même charge (forcément égale alors à celle que porte l'un des ions Cl de l'autre signe, sans quoi l'eau salée ne serait pas dans son ensemble électriquement neutre, comme elle l'est). Les N atomes qui, neutres, forment 1 atome-gramme, constituent, quand ils sont à l'état d'ions, ce que nous appellerons 1 ion-gramme.

Placés dans un champ électrique (comme il arrivera si l'on plonge dans l'eau salée une électrode positive et une électrode négative) les ions positifs seront attirés vers l'électrode négative ou *cathode*, les ions négatifs chemineront de même vers l'électrode positive ou *anode*. Un double courant de matière en deux sens opposés accompagnera donc le passage de l'électricité. Au contact des électrodes, les ions pourront perdre leur charge, et prendre du même coup d'autres propriétés chimiques.

Car un ion qui diffère par sa charge de l'atome (ou groupe d'atomes) correspondant, peut ne pas avoir du tout les mêmes propriétés chimiques. A cause encore de cette charge, la diffusion ne séparera pas des ions de signe contraire. Il se peut bien, et il arrivera en général, que certains ions, mettons les ions positifs, prennent de l'avance. Ils chargent alors positivement la région du liquide où ils sont en excès, mais aussitôt cette charge attire les ions négatifs ce qui accélère la rapidité de leur progression, retardant du même coup les ions positifs. Un chien peut être plus agile qu'un homme, mais si celui-ci le tient en laisse, ils n'iront pas plus vite l'un que l'autre.


**28. — Degré de dissociation d'un électrolyte.** — Le degré de la dissociation en ions d'un électrolyte se calcule au reste aisément, pour chaque température et chaque dilution, si on admet avec Arrhenius que les ions vérifient les lois de Raoult comme les molécules neutres. Si la solution qui contient 1 molécule-gramme de sel pour chaque volume V, a même pression de vapeur que si on y avait dissous 5/3 molécules-gramme de sucre, c'est qu'elle contient réellement 5/3 molécules-gramme soit forcément (1-2/3) molécules-gramme de sel non dissocié et 2 fois 2/3 ions-gramme tant positifs que négatifs. Ainsi le *degré de dissociation* 2/3 est trouvé par application des lois de Raoult.

Considérons d'autre part une colonne cylindrique de solution ayant une section droite assez grande pour que le volume de chaque tronçon de 1 centimètre de longueur soit celui qu'on croirait contenir 1 molécule-gramme de sel si l'on ignorait sa dissociation. En fait il contient les 2/3 des ions qu'il contiendrait si la dissociation était complète. Pour une même force électrique, l'électricité débitée par seconde sera donc les 2/3 de celle qui serait débitée pour une dilution extrêmement grande. Plus brièvement la conductibilité de notre cylindre, par centimètre de longueur sera les 2/3 seulement d'une conductibilité limite atteinte pour une dilution infinie. Or c'est précisément ce que vérifie l'expérience.

Il en va de même pour les divers sels, aux diverses dilutions : le degré de dissociation calculé par application des lois de Raoult est égal à celui qu'on déduit des conductibilités électriques (loi d'Arrhenius). Cette concordance si remarquable, prouvant une corrélation profonde entre des propriétés de prime abord aussi différentes que la température de congélation et la conductibilité électrique (au point qu'elle permet de prévoir l'une quand on connaît l'autre) donne évidemment une force bien grande à la théorie d'Arrhenius.

**29. — Première idée d'une charge élémentaire minimum.** — Nous venons d'admettre que tous les ions Cl de l'eau salée ont la même charge, et nous avons attribué à l'existence de cette charge la différence des propriétés chimiques entre l'atome et l'ion. Considérons maintenant, au lieu d'une solution de chlorure de sodium, une solution de chlorure de potassium. Les propriétés chimiques dues aux ions chlore (précipitation par le nitrate d'argent, etc.), se retrouvent les mêmes. Les ions chlore du chlorure de potassium sont donc probablement identiques à ceux du chlorure de sodium et ont donc la même charge. Comme les solutions sont neutres, les ions sodium et potassium ont aussi la même charge prise avec un signe contraire. On serait ainsi conduit de proche en proche à penser que tous les atomes ou groupes monovalents d'atomes ($Cl$, $Br$, $I$, $ClO_3$, $NO_3$..., et $Na$, $K$, $NH_4$,...), portent quand ils deviennent libres sous forme d'ions la même charge élémentaire $e$, positive ou négative.

Les ions chlore ont encore mêmes propriétés, donc même charge, dans une solution de chlorure de baryum $BaCl_2$. Mais ici un seul ion Ba est formé en même temps que 2 ions Cl ; la charge portée par l'ion Ba, provenant d'un atome bivalent, vaudrait donc, avec le signe contraire, 2 fois la charge de l'ion Cl. De même l'ion Cu, provenant du chlorure de cuivre $CuCl_2$ porterait deux charges élémentaires ; ce serait encore le cas, mais avec le signe de l'ion Cl, pour l'ion $SO_4$ des sulfates ; l'atome trivalent du lanthane se trouverait de même porter 3 charges élémentaires, après séparation d'avec les 3 atomes de chlore du chlorure $La\,Cl_3$, et ainsi de suite.

Par là se trouve mise en évidence une relation importante entre la valence et la charge des ions : chaque valence brisée dans un électrolyte correspond à l'apparition d'une charge toujours la même sur les atomes que reliait cette valence. Du même coup, la charge d'un ion doit toujours être un multiple exact de cette charge élémentaire invariable, véritable *atome d'électricité.*

Ces présomptions sont en complet accord avec les connaissances que nous donne l'étude précise de l'électrolyse, et que je crois d'autant plus utile de résumer, que l'exposition ordinaire ne m'en paraît pas bien satisfaisante.

**30. — Charge charriée par un ion-gramme. Valence électrique.** — Quand on plonge deux électrodes dans un électrolyte, on voit aussitôt des changements se produire au voisinage immédiat des électrodes. dont la surface sert alors de point de départ à des bulles gazeuses, des parcelles solides ou des filets liquides, qui montent ou descendent, selon leur densité, et qui par suite vont souiller des régions que le seul passage du courant laisserait peut-être inaltérées.

On évitera cette complication en incurvant le trajet du courant, par exemple de la façon qu'indique la figure schématique dessinée ci-dessous. L'électrolyte est partagé entre deux bacs dans chacun desquels plonge une électrode et que réunit un siphon contenant une colonne liquide forcé-

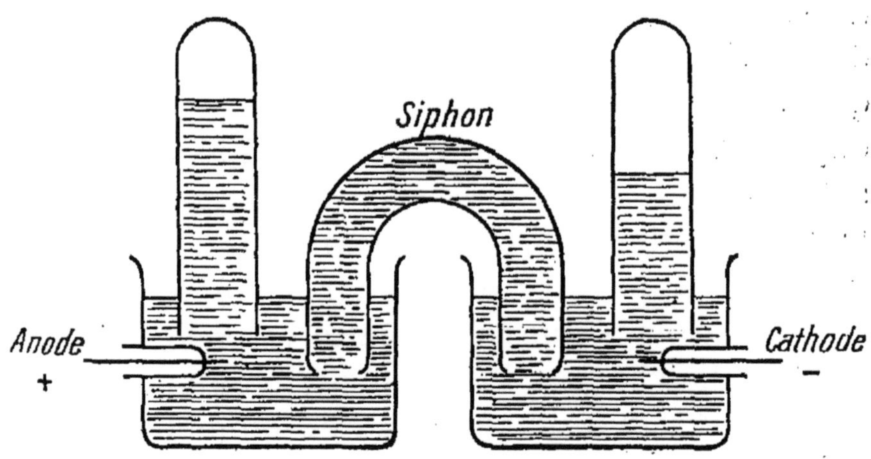


Fig. 2.

ment traversée par le courant mais où ne peuvent entrer les matières qui montent ou descendent à partir des électrodes. On s'arrange, d'ailleurs, pour ne rien laisser perdre de ces matières.

Il est alors facile de s'assurer avec rigueur que le passage seul du courant n'altère pas l'électrolyte ; il suffit d'enlever le siphon après qu'il a passé une certaine quantité Q d'électricité (facilement mesurée par un galvanomètre) et de doser le liquide qu'il contient ; on le trouvera identique à la solution primitive.

Du même coup on a séparé en deux compartiments ce qu'est devenu le reste de la matière en expérience. On pourra faire l'analyse chimique de chacun de ces compartiments (en y comprenant les produits formés à l'électrode), déterminant combien d'atomes-gramme de chaque sorte s'y trouvent contenus.

Mettons qu'on ait électrolysé de l'eau salée. On trouvera dans le compartiment cathodique : d'abord de quoi refaire la cathode (en supposant que celle-ci a été altérée), puis (en hydrogène, oxygène, chlore et sodium) de quoi faire de l'eau salée, et, enfin, un excès de sodium, en sorte que la composition brute du compartiment cathodique pourra s'exprimer par la formule :

$$(\text{cathode}) + a\,(2\,H + O) + b\,(Na + Cl) + x\,Na.$$

J'insiste sur ceci qu'il s'agit là d'une formule brute, indépendante de toute hypothèse sur les composés présents dans le compartiment. Il est indifférent que les $2a$ atomes-gramme d'hydrogène dosés se trouvent pour une part sous forme d'hydrogène gazeux, et pour une autre part soient engagés dans des molécules d'eau ou de soude : on ne s'inquiète que de leur nombre total.

Au même instant, puisqu'il ne s'est pas perdu de matière, la formule *brute* du compartiment anodique sera forcément

$$\text{anode primitive} + a'\,(2\,H + O) + b'\,(Na + Cl) + x\,Cl$$

le nombre $x$ d'atomes-gramme de chlore présents en excès dans ce compartiment étant égal à celui des atomes-gramme de sodium présents en excès dans le compartiment cathodique.

On a donc, en faisant passer la quantité d'électricité Q, *décomposé x* molécules-gramme de sel en sodium et chlore, qu'on retrouve *séparés*, dans les deux compartiments.

*De quelque façon qu'on varie les conditions de l'expérience (dilution, température, nature des électrodes, intensité du courant, etc...) le passage de la même quantité d'électricité décompose toujours le même nombre de molécules-gramme.* Par suite, si l'on fait passer 2 fois, 3 fois, 4 fois plus d'électricité, on décompose 2 fois, 3 fois, 4 fois plus d'électrolyte. En souvenir du grand Faraday, qui a compris le premier cette proportionnalité *rigoureuse*, on appelle souvent *faraday* la quantité F d'électricité (égale à 96 550 coulombs) dont le passage accompagne la décomposition de 1 molécule-gramme de sel marin.

Ainsi, pendant que le courant passe, du sodium et du chlore se meuvent forcément en sens inverses dans la colonne médiane de l'électrolyte inaltéré, de manière à se trouver en excès progressivement croissant, le sodium dans le compartiment cathodique, et le chlore dans le compartiment anodique. Et c'est ce que nous comprenons très bien dans l'hypothèse des ions, si les ions Na sont chargés positivement, et les ions Cl négativement.

On voit facilement qu'alors la charge charriée par un ion-gramme est précisément le faraday. Soit en effet F′ cette charge, supposée différente de F. Faisons traverser l'électrolyte par 1 faraday ; si *m* atomes-gramme de sodium ont alors traversé une section médiane dans le sens de la cathode (charriant avec eux $m$F' faradays positifs), forcément $(1 - m)$ atomes-gramme de chlore ont traversé cette section dans le sens inverse (charriant avec eux $(1 - m)$ F' faradays négatifs), de façon qu'il se réalise dans le compartiment cathodique un excès de $(m + 1 - m)$ atomes-gramme de sodium. Le faraday qui a passé est donc égal à $(m + 1 - m)$ F' c'est-à-dire à la charge F' charriée par 1 ion-gramme de sodium ou de chlore.

Si, au lieu d'électrolyser du chlorure de sodium, nous électrolysons du chlorure de potassium KCl, nous trouverons, par des expériences toutes semblables, que c'est encore le passage de 1 faraday qui décompose 1 molécule-gramme. Comme nous l'avions prévu pour des raisons chimiques, l'ion-gramme de chlore a donc la même charge dans le chlorure de potassium ou dans le chlorure de sodium. Et de même nous vérifierons que tout ion-gramme monovalent charrie 1 faraday, positif ou négatif. C'est, en particulier, le cas de l'ion hydrogène $H^+$, caractéristique des acides, et de l'ion oxhydrile $OH^-$ caractéristique des bases.

Nous vérifierons encore, sans qu'il soit besoin d'insister, qu'il faut faire passer 2 faradays pour décomposer 1 molécule-gramme de chlorure de baryum $BaCl_2$, et qu'ainsi l'ion $Ba^{++}$ porte 2 charges élémentaires. Nous vérifierons que le passage de 2 faradays décompose 1 molécule-gramme de $SO_4Cu$ (amenant en excès dans le compartiment anodique 1 groupement d'atomes-gramme $SO_4$) en sorte que $SO_4^{--}$ et $Cu^{++}$ portent également 2 fois la charge de Cl⁻ ou Na⁺. Et ainsi de suite.

Bref, tous les ions monovalents portent, au signe près, la même charge élémentaire $e$, égale au quotient $\dfrac{F}{N}$ du faraday par le nombre d'Avogadro, suivant l'équation

$$F = Ne$$

et tout ion polyvalent porte autant de fois cette charge qu'il possède de valences.

Cette charge élémentaire, dont un sous-multiple ne paraît pas réalisable, a le caractère essentiel d'un atome, comme le fit le premier observer Helmholtz (1880). *C'est l'atome d'électricité*. Elle sera connue en valeur absolue si l'on réussit à connaître N.

Il n'est pas inutile de signaler l'énormité des charges transportées par les ions. On la comprendra en observant, par application de la loi de Coulomb, que si l'on pouvait réaliser 2 sphères contenant chacune 1 atome-milligramme d'ions monovalents, et si on les mettait à 1 centimètre de distance, elles se repousseraient ou s'attireraient (suivant les signes de ces deux sortes d'ions), avec une force égale au poids de 100 trillions de tonnes. Voilà qui suffit pour nous expliquer qu'on ne puisse pas, comme on le demandait à Arrhenius, séparer les uns des autres en masse notable, soit par diffusion spontanée, soit de toute autre manière, les ions de signes contraires Na et Cl présents dans l'eau salée.

## Limite supérieure des grandeurs moléculaires

**31.** — **Divisibilité de la matière.** — J'ai tâché de présenter jusqu'ici l'ensemble des arguments qui ont fait croire à la structure atomique de la matière et de l'électricité, et qui ont livré les rapports des poids des atomes, supposés exister, avant qu'on eût aucune idée sur les grandeurs absolues de ces éléments.

J'ai à peine besoin de dire qu'ils échappent à l'observation directe. Si loin que l'on ait poussé jusqu'à présent la division de la matière, on n'a pas eu d'indice qu'on approchât d'une limite, et qu'une structure granulaire fût sur le point d'être directement perçue. Quelques exemples rappelleront au reste utilement cette extrême divisibilité.

C'est ainsi que les batteurs d'or préparent des feuilles d'or dont l'épaisseur n'est que le dixième de 1 *millième de millimètre*, ou, plus brièvement, le dixième de 1 *micron*. Ces feuilles que nous connaissons tous, et qui par transparence laissent passer de la lumière verte, paraissent encore continues; si l'on ne va pas plus loin, ce n'est pas parce que l'or cesse d'être homogène mais parce qu'il devient de plus en plus difficile de manipuler, sans les déchirer, des feuilles plus minces. S'il existe des atomes d'or, leur diamètre est donc sûrement bien inférieur à 1 dixième de micron ($0^\mu,1$ ou $10^{-5}$ cm) et leur masse bien inférieure à la masse d'or qui emplit un cube de ce diamètre, c'est-à-dire à 1 cent-milliardième de milligramme ($10^{-14}$ gr.). La masse de l'atome d'hydrogène, environ 200 fois plus petite, comme nous l'avons vu, est donc si faible qu'il en faut sûrement plus de 20 trillions pour faire 1 milligramme, c'est-à-dire qu'elle est inférieure à $\frac{1}{2}$ $10^{-16}$ grammes.

L'étude microscopique des divers corps permet d'aller beaucoup plus loin, spécialement si on observe des substances fortement fluorescentes. Je me suis en effet assuré qu'une solution au millionième de fluorescéine éclairée à angle droit du microscope par un faisceau très plat de lumière très intense (dispositif d'ultramicroscopie) manifeste encore une fluorescence verte uniforme dans des volumes de l'ordre du micron cube. La grosse molécule de fluorescéine, que nous savons (propriétés chimiques et lois de Raoult) 350 fois plus lourde que l'atome d'hydrogène, a donc une masse bien inférieure au millionième de la masse d'eau qui occupe 1 micron cube et cela montre que l'atome d'hydrogène pèse notablement moins que le milliardième de milliardième de milligramme. Ou, en un langage plus bref, l'atome d'hydrogène à une masse inférieure à $10^{-21}$. Le nombre d'Avogadro N est donc supérieur à $10^{21}$ : il y a plus que 1 000 milliards de milliards de molécules dans une molécule-gramme.

Si l'atome d'hydrogène pèse moins que $10^{-21}$ grammes, la molécule d'eau, 18 fois plus lourde pèse moins que $2.10^{-20}$ grammes. Son volume est donc inférieur à $2.10^{-20}$ centimètre cubes (afin que 1 centimètre cube d'eau contienne 1 gramme), et son *diamètre* inférieur à la racine cubique de

$2.10^{-20}$, c'est-à-dire inférieure au quatre cent millièmes de millimètre $(\frac{1}{4} . 10^{-6} cm)$.

**32. — Lames minces.** — L'observation des « lames minces » nous conduit peut-être plus loin encore. Quand on souffle une bulle de savon, on aperçoit souvent, en outre des couleurs éclatantes qui nous sont si familières, de petites taches rondes et noires, à bord bien net, qu'on pourrait prendre pour des trous, et dont l'apparition est presque immédiatement suivie de la rupture de la bulle. On les observe facilement en se lavant les mains, sur une lame d'eau de savon tendue dans l'anneau que peuvent former le pouce et l'index. Quand on tient cette lame verticale, l'eau qu'elle contient s'écoule graduellement vers le bas, en même temps que la partie supérieure devient de plus en plus mince, amincissement qu'on peut suivre par le changement de couleur. Quand elle sera devenue pourpre, puis jaune paille, on y verra bientôt paraître les taches noires qui se réunissent en formant un espace noir, espace qui peut occuper en hauteur le quart de l'anneau avant que la lame se brise. Si l'on répète avec précaution cette observation grossière, en formant les lames minces sur des cadres fins dans une cage qui les protège contre l'évaporation, on peut conserver ces lames noires en équilibre pendant plusieurs jours et plusieurs semaines et les observer alors à loisir.

D'abord, ce ne sont pas des trous, car on constate aisément, comme fit Newton qui les étudia le premier, que ces taches, noires par contraste, réfléchissent encore de la lumière, et même que, dans leur intérieur, il finit en général par apparaître de nouvelles taches rondes à bord net, encore plus sombres, donc encore plus minces et qui renvoient pourtant de faibles images d'objets brillants, du soleil par exemple.

On a pu mesurer, de plusieurs façons concordantes [1], l'épaisseur des taches noires, et l'on a trouvé que celles de Newton, c'est-à-dire les plus noires et les plus minces, ont une épaisseur d'environ 6 millièmes de micron ou 6 micromicrons (soit $6.10^{-7} cm$). Les taches noires de rang précédent ont une épaisseur sensiblement double, ce qui est bien remarquable.

Les lames qui se forment par étalement de gouttes d'huile déposées sur l'eau peuvent devenir encore plus minces que les taches noires des bulles de savon, comme l'a montré lord Rayleigh. On sait (ou l'on peut aisément vérifier), que de petits fragments de camphre jetés sur de l'eau bien propre se mettent à courir en tous sens à la surface de l'eau (car la dissolution du camphre s'accompagne d'un grand abaissement de la tension superficielle, en sorte que le fragment est à chaque instant tiré du côté où la dissolution se trouve le moins active). Ce phénomène ne se produit plus si la surface de l'eau est grasse (et par suite possède une tension superficielle beaucoup

---

1. Soit en mesurant leur résistance électrique (Reinold et Rücker), soit en en disposant une centaine les unes derrière les autres, et en voyant à quelle épaisseur d'eau se trouve équivalente la série de ces lames noires, en ce qui regarde le retard éprouvé par un rayon de lumière qui les traverse (Johonnott).

plus faible que l'eau pure). Lord Rayleigh a cherché quel était le poids de la plus petite goutte d'huile qui, mise à la surface d'un grand bassin plein d'eau bien propre, se trouvait encore juste suffisante pour que les mouvements du camphre fussent empêchés en tous les points de la surface. Ce poids était si faible que l'épaisseur de l'huile ainsi étendue sur l'eau ne pouvait atteindre 2 millièmes de micron.

M. Devaux a fait une étude approfondie de ces lames minces d'huile qu'il compare très heureusement aux taches noires des bulles de savon. On voit, en effet, quand on dépose une goutte d'huile sur l'eau, se former une lame irisée, qui bientôt se perce de taches circulaires, noires et à bord net, où la surface liquide porte encore de l'huile car elle a les propriétés signalées par lord Rayleigh. Mais cette huile n'est pas encore à son maximum d'extension : en versant sur une large nappe d'eau une goutte d'une solution étendue titrée d'huile dans la benzine (laquelle s'évapore aussitôt), M. Devaux a réalisé un voile d'huile sans parties épaisses et à bords nets, dont il décèle la présence non plus avec du camphre (qui s'agite sur le voile comme sur l'eau pure), mais avec de la poudre de talc. Répandue par un tamis sur l'eau pure, cette poudre fuit aisément quand on souffle horizontalement sur le liquide et se rassemble à l'extrémité opposée de la cuvette où elle forme une surface dépolie. Mais cette fuite est arrêtée par les bords du voile d'huile, et marque ses limites. On peut ainsi mesurer la surface de ce voile avec une précision qui porte sur le centième de micromicron. L'épaisseur correspondante est à peine supérieure au micromicron ($1,10$ $\mu\mu$ ou $1,1 . 10^{-7}$ *cm*).

Notons qu'on suppose dans ces mesures que la matière de la lame a une épaisseur uniforme et qu'après tout il n'est pas sûr, à ne considérer que les faits ici indiqués, que par exemple ces lames n'aient pas une structure réticulaire à mailles fines, semblable à celle d'une toile d'araignée, toile qui, de loin, peut paraître homogène.

Mais il semble plus probable que les lames minces n'ont pas de parties plus épaisses que l'épaisseur moyenne mesurée, et par suite que le diamètre maximum possible pour les molécules d'huile est de l'ordre du micromicron. Il sera encore notablement plus petit pour les atomes composants; la masse maximum correspondante possible pour une molécule d'huile (trioléate de glycérine de formule $C_{57}H_{104}O_6$) serait de l'ordre du milliardième de milliardième de milligramme, et la masse de l'atome d'hydrogène, presque mille fois plus faible, serait de l'ordre du trillionième de trillionième de gramme ($10^{-24}$ gramme).

On peut résumer cette discussion en disant que les diamètres des divers atomes sont certainement inférieurs au cent millième (peut-être au millionième) de millimètre, et que la masse, même pour les plus lourds (tel l'atome d'or), est certainement inférieure au cent millième (peut-être au cent millionième) de trillionième de gramme.

Si petites que nous paraissent ces limites supérieures, qui marquent le terme actuel de notre perception directe, elles pourraient encore être infiniment au-dessus des valeurs réelles. Certes, quand on se rappelle, comme nous l'avons fait, tout ce que la Chimie doit aux notions de molécule et d'atome, il est difficile de douter bien sérieusement de l'existence de ces éléments de la matière. Mais enfin, jusqu'ici, nous sommes hors d'état de décider s'ils se trouvent presque au seuil des grandeurs directement perceptibles, ou s'ils sont d'une si inconcevable petitesse qu'il faille les considérer comme infiniment éloignés de notre connaissance.

Problème qui, sitôt posé, devait puissamment solliciter les recherches. La même curiosité ardente et désintéressée qui nous a fait peser les astres et mesurer leur course nous entraîne vers l'infiniment petit aussi bien que vers l'infiniment grand. Et déjà de belles conquêtes nous donnent le droit d'espérer que nous pourrons également connaître les Atomes et les Etoiles.

# CHAPITRE II

## L'AGITATION MOLÉCULAIRE

Les déplacements de matière par dissolution ou diffusion nous ont fait penser que les molécules d'un fluide sont en mouvement incessant En développant cette idée conformément aux lois de la mécanique *supposées applicables aux molécules*, on a obtenu un ensemble très important de propositions qu'on réunit sous le nom de *théorie cinétique*. Cette théorie s'est montrée d'une grande fécondité pour expliquer et prévoir les phénomènes, et la première a su donner des indications précises sur les valeurs absolues des grandeurs moléculaires.

### Vitesses des molécules.

**33.** — **Agitation moléculaire en régime permanent.** — Tant que les propriétés d'un fluide nous paraissent invariables, nous devons admettre que l'agitation moléculaire, dans ce fluide, n'augmente ni ne décroît.

Tâchons de préciser cette notion un peu vague. D'abord (comme il est imposé par l'expérience), des volumes égaux contiendront des masses égales, c'est-à-dire des nombres égaux de molécules. Plus rigoureusement, si $n_0$ désigne le nombre de molécules qui se trouveraient dans un certain volume pour une répartition rigoureusement uniforme, alors que le nombre de celles qui s'y trouvent réellement à l'instant considéré est $n$, la *fluctuation* $\dfrac{n - n_0}{n_0}$, variable d'instant en instant, suivant les hasards de l'agitation, sera d'autant moins importante que le volume choisi sera plus grand. Pratiquement, elle sera déjà négligeable pour les plus petits volumes observables.

Dans le même sens, il y aura pratiquement égalité, pour une portion arbitraire du fluide, entre le nombre des molécules qui possèdent dans une certaine direction une certaine vitesse, et le nombre de celles qui ont la même vitesse dans la direction opposée. Plus généralement, si nous considérons *au hasard* un grand nombre de molécules à un instant donné, la projection sur un axe arbitraire (*composante* suivant cet axe) de la vitesse moléculaire aura zéro pour valeur moyenne : aucune direction ne sera privilégiée.

De même encore, la somme des énergies de mouvement, ou énergie cinétique totale relative à une portion donnée de matière, ne subira que des fluctuations insignifiantes pour toute portion accessible à l'observation. Plus généralement, si on considère à un instant donné deux groupes de molécules en nombre égal (suffisamment grand) prises séparément au hasard, la somme des énergies cinétiques est pratiquement la même pour les deux groupes. Cela revient à dire que l'énergie moléculaire a une valeur moyenne bien définie W, qu'on retrouve toujours la même en faisant la moyenne des énergies pour des molécules prises au hasard, en nombre quelconque mais grand, à un instant arbitraire.

On retrouverait la même valeur W en faisant la moyenne des énergies possédées par une même molécule à divers instants pris au hasard (en grand nombre) durant un intervalle de temps notable [1].

Ces remarques sont valables pour chacun des genres d'énergie qu'on peut définir dans la molécule. Elles s'appliquent en particulier à l'énergie cinétique $\frac{1}{2} m V^2$ de translation, $m$ désignant la masse et V la vitesse du centre de gravité de la molécule. Comme la masse est invariable, s'il y a une valeur moyenne définie $w$ pour cette énergie de translation, il existera une valeur moyenne définie $U^2$ pour le carré de la vitesse moléculaire.

Des remarques semblables s'appliqueront à toute propriété définissable des molécules du fluide. Par exemple, il y aura une valeur définie G pour la vitesse moléculaire moyenne. Cette valeur ne sera pas U, comme on le comprend bien en se rappelant que la moyenne $\frac{a + b}{2}$ de deux nombres

---

1. En effet, cette moyenne W' est la même pour deux molécules quelconques (qui ne doivent pas se différencier dans leur aptitude à posséder de l'énergie) ; soit alors un très grand nombre $p$ de molécules repérées simultanément à $q$ instants successifs ($q$ très grand) : la somme des énergies ainsi notées pourra indifféremment s'écrire $q$ fois $p$W ou $p$ fois $q$W', ce qui prouve l'égalité de W et de W'.

différents $a$ et $b$ est toujours inférieure à la racine carrée de la moyenne $\dfrac{a^2 + b^2}{2}$ dès carrés de ces nombres. On appelle parfois U la vitesse quadratique moyenne.

On doit à Maxwell d'avoir compris que, lorsque le carré moyen $U^2$ est connu, la vitesse moyenne G s'ensuit, ainsi que la loi de probabilité qui fixe la proportion des molécules qui ont à chaque instant une certaine vitesse.

Il a obtenu ces résultats, si importants pour la connaissance du régime permanent de l'agitation moléculaire, en admettant que la proportion des molécules qui ont dans une direction donnée une certaine composante de vitesse, est la même soit pour l'ensemble des molécules, soit pour le groupe de celles dont on sait déjà qu'elles ont toutes, dans une direction perpendiculaire, une certaine autre composante. (Plus brièvement, si nous considérons deux murs à angle droit, et si on nous dit qu'une molécule possède en ce moment une vitesse de 100 mètres par seconde vers le premier de ces murs, on ne nous donne par là, d'après Maxwell, *aucun* renseignement sur la valeur probable de la vitesse vers le second mur). Cette hypothèse sur la distribution des vitesses, vraisemblable, mais non tout à fait sûre, se justifiera par ses conséquences.

Un calcul où ne se glisse plus aucune autre hypothèse et dont nous pouvons donc omettre le détail sans rien perdre en compréhension des phénomènes, permet alors de déterminer complètement la *distribution des vitesses*, la même pour tout fluide où le carré moyen de vitesse moléculaire a même valeur $U^2$. En particulier, l'on est en état de calculer la vitesse moyenne G, qui se trouve peu inférieure à U, et sensiblement égale à $\frac{12}{13}$ U [1].


**34. — Calcul des vitesses moléculaires. —** Si le fluide est gazeux, une théorie simple donne avec beaucoup de vraisemblance la valeur de ce carré moyen $U^2$ de la vitesse moléculaire dont la connaissance entraîne celle de la vitesse moyenne et de la distribution des vitesses.

Nous avons déjà dit que la pression exercée par un gaz s'explique par les chocs incessants des molécules contre les parois. Pour préciser cette idée, nous supposerons les molécules parfaitement élastiques. Il n'y a plus guère alors, pour connaître leurs vitesses, qu'à savoir calculer la pression constante que subirait chaque unité de surface d'un mur rigide qui serait uniformément bombardé par une grêle régulière de projectiles animés de vitesses égales et parallèles, rebondissant sur ce mur sans perdre ni gagner d'énergie. C'est là un problème de mécanique où ne se glisse aucune

---

1. De façon précise, sur $\mathfrak{N}$ molécules, le nombre $dn$ de celles qui possèdent suivant $Ox$ une composante comprise entre $x$ et $x + dx$ est donné par l'équation

$$dn = \mathfrak{N} \sqrt{\frac{3}{2\pi}} \frac{1}{U} e^{-\frac{3}{2} \cdot \frac{x^2}{U^2}} dx$$

et d'autre part on a exactement :

$$G = U \sqrt{\frac{8}{3\pi}} :$$

difficulté physique ; je passe donc sur le calcul (d'ailleurs simple), et donne seulement son résultat : la pression est égale au double produit de la composante de vitesse perpendiculaire au mur (composante qui change de signe pendant le choc) par la masse totale des projectiles qui frappent l'unité de surface pendant l'unité de temps.

En état de régime permanent, l'ensemble des molécules voisines d'une paroi peut être regardé comme formant un très grand nombre de grêles de ce genre, orientées dans tous les sens, et ne se gênant guère les unes les autres si les molécules occupent peu de place dans le volume qu'elles sillonnent (ici intervient l'état gazeux du fluide). Soit, pour une de ces grêles, $x$ la vitesse perpendiculairement à la paroi, et $q$ le nombre de projectiles par centimètre cube ; alors il arrive $qx$ projectiles par seconde, de masse totale $qxm$, sur chaque centimètre carré de paroi, qui subit de ce fait une pression partielle $2qmx^2$. La somme des pressions dues à toutes les grêles sera $2\dfrac{n}{2}mX^2$, en appelant $X^2$ le carré moyen de la composante $x$, et $n$ le nombre total des molécules par centimètre cube (dont la moitié seulement se dirige vers la paroi). Ainsi, et comme la masse $nm$ présente par unité de volume est la densité $d$ (absolue) du gaz, nous voyons que la pression $p$ est égale au produit $X^2d$ de la densité par le carré moyen de la vitesse parallèlement à une direction arbitraire. Incidemment, on trouve en même temps que la masse de gaz qui, par seconde, frappe un centimètre carré de paroi, est égale à $X'd$, en appelant $X'$ la valeur moyenne de celles des composantes $x$ qui sont dirigées vers la paroi ; comme $X'$ (qui double ou triple si l'on double ou triple toutes les vitesses) est proportionnelle à la vitesse moyenne $G$, cette masse est proportionnelle à $Gd$ (résultat que nous utiliserons bientôt).

Le carré d'une vitesse, c'est-à-dire de la diagonale du parallélipipède construit sur 3 composantes rectangulaires, est égal à la somme des carrés des 3 composantes, et par suite le carré moyen $U^2$ est égal à $3X^2$ (les trois projections rectangulaires ayant par raison de symétrie même carré moyen). La pression $p$, égale à $X^2d$, est donc aussi bien égale à $\dfrac{1}{3}\,U^2d$ ou bien à $\dfrac{1}{3}\dfrac{M}{v}\,U^2$, en appelant $M$ la masse de gaz qui occupe le volume $v$.

Nous avons ainsi établi l'équation

$$3\,pv = MU^2$$

que l'on peut écrire :

$$\frac{3}{2}\,pv = \frac{MU^2}{2}$$

et par suite énoncer comme il suit :

*Pour toute masse gazeuse, le produit du volume par la pression est égal aux deux tiers de l'énergie moléculaire de translation contenue dans la masse.*

Nous savons d'autre part (loi de Mariotte) qu'à température constante ce produit $pv$ est invariable. L'énergie cinétique moléculaire est donc, à température constante, indépendante de la raréfaction du gaz.

Il est maintenant bien facile de calculer cette énergie, en même temps que les vitesses moléculaires, pour chaque gaz, à chaque température. La masse M peut être prise égale à la molécule-gramme. Comme les diverses molécules-gramme occupent à la même température le même volume sous la même pression (*18*), ce qui donne même valeur au produit $pv$, nous voyons que, dans l'état gazeux :

*La somme des énergies de translation des molécules contenues dans une molécule-gramme est à la même température la même pour tous les gaz.*

Dans la glace fondante cette énergie totale est de 34 milliards d'ergs [1]. En d'autres termes le travail développé dans l'arrêt, à cette température, des molécules contenues dans 32 grammes d'oxygène ou 2 grammes d'hydrogène permettrait d'élever 350 kilogrammes de 1 mètre : on voit quelle réserve d'énergie constituent les mouvements moléculaires.

Connaissant l'énergie $\dfrac{MU^2}{2}$ d'une masse connue M, on a aussitôt U et par suite la vitesse moyenne G. Toujours dans la glace fondante, pour de l'oxygène (M égal à 32), l'énergie cinétique est la même que si, toutes les molécules étaient arrê-

---

1. Car toute molécule-gramme occupe alors 22 400 centimètres cubes quand la pression correspond à 76 centimètres de mercure, ce qui donne bien en unités C. G. S. pour le produit $\dfrac{3}{2}\,pv$, la valeur $34.10^9$.

tées, la masse considérée avait une vitesse U de 460 mètres par seconde. La vitesse moyenne G, un peu plus faible, est de 425 mètres par seconde. Ce n'est guère moins que la vitesse d'une balle de fusil. Pour l'hydrogène (M égal à 2) la vitesse moyenne s'élève à 1 700 mètres ; elle s'abaisse à 170 mètres pour le mercure (M égal à 200).

**35. — Température absolue (proportionnelle à l'énergie moléculaire).** — Le produit $pv$ du volume par la pression, constant pour une masse donnée de gaz à température fixée (Mariotte), change de la même façon pour tous les gaz quand la température s'élève (Gay-Lussac). De façon plus précise, il s'accroît de $\dfrac{100}{273}$ de sa valeur quand on passe de la glace fondante à l'eau bouillante. On sait que cela permet de définir (au moyen du thermomètre à gaz) le **degré** de température comme étant tout accroissement de température qui pour une masse gazeuse quelconque augmente le produit $pv$ (donc simplement la pression si on opère à volume constant) de $\dfrac{1}{273}$ de la valeur qu'a ce produit dans la glace fondante (en sorte qu'il y a 100 de ces degrés entre la glace fondante et l'eau bouillante).

Or nous venons de voir que l'énergie moléculaire est proportionnelle au produit $pv$. Ainsi, depuis longtemps, sans le savoir on se trouvait avoir choisi, pour marquer des marches égales sur l'échelle des températures, des accroissements égaux de l'énergie moléculaire, l'accroissement d'énergie étant pour chaque degré $\frac{1}{273}$ de l'énergie moléculaire dans la glace fondante. Comme nous l'avions déjà pressenti (4) chaleur et agitation moléculaire sont en définitive la même réalité, examinée à des grossissements différents.

L'énergie d'agitation ne pouvant devenir négative, le *zéro absolu* de température, correspondant à l'immobilité des molécules, se trouvera 273 degrés au-dessous de la température de la glace fondante. La *température absolue*, proportionnelle à l'énergie moléculaire, se compte à partir de ce zéro : par exemple, la température absolue de l'eau bouillante est 373 degrés.

On voit que, pour toute masse gazeuse, le produit $pv$ est proportionnel à la température absolue T ; c'est l'équation des gaz parfaits :

$$pv = rT.$$

Soit R la valeur particulière [1], indépendante de gaz, que prend $r$ si la masse choisie est une molécule-gramme. L'équation précédente peut s'écrire, si la masse considérée contient $n$ molécules-gramme :

$$pv = nRT.$$

Enfin, puisque l'énergie cinétique moléculaire est, comme nous avons vu, égale à $\frac{3}{2} pv$, on peut écrire pour une molécule-gramme M :

$$\frac{MU^2}{2} = \frac{3}{2} RT.$$

---

1. Du fait que 1 molécule-gramme occupe 22 400 centimètres cubes sous la pression atmosphérique dans la glace fondante ($T = 273°$) on tire que R est égal à $83,2.10^6$ (unités C. G. S).

**36. — Justification de l'hypothèse d'Avogadro. —** Nous voyons que deux molécules-gramme quelconques, prises dans l'état gazeux à la même température, contiennent l'une et l'autre la même quantité d'énergie moléculaire de translation $\left(\text{savoir } \frac{3}{2}RT\right)$. Or, dans l'hypothèse d'Avogadro, ces deux masses contiennent l'une et l'autre le même nombre N de molécules. A la même température, les molécules des divers gaz ont donc la même énergie moyenne $w$ de translation $\left(\text{égale à } \frac{3}{2}\frac{R}{N}T\right)$. La molécule d'hydrogène est 16 fois plus légère que la molécule d'oxygène, mais elle va en moyenne 4 fois plus vite.

Dans un mélange gazeux, une molécule quelconque a encore cette même énergie moyenne. Nous savons en effet (loi du mélange des gaz), que chacune des masses gazeuses mélangées dans un récipient exerce sur les parois la même pression que si elle y était seule contenue. D'après le calcul qui nous donne la pression partielle de chaque gaz (que nous pouvons conduire exactement comme dans le cas d'un gaz unique), il faut donc bien que les énergies moléculaires soient les mêmes avant ou après le mélange. Quelle que soit la nature des constituants d'un mélange gazeux, deux molécules considérées au hasard possèdent la même énergie moyenne.

Cette *égale répartition de l'énergie* entre les diverses molécules d'une masse gazeuse, présentée ici comme conséquence de l'hypothèse d'Avogadro, peut se démontrer sans faire appel à cette hypothèse, si l'on admet, comme nous avons déjà fait, que les molécules sont parfaitement élastiques.

La démonstration est due à Boltzmann[1]. Il considère un mélange gazeux formé de deux sortes de molécules de masses $m$ et $m'$. Les lois de la mécanique permettent de calculer, si l'on se donne les vitesses (donc les énergies) de deux molécules $m$ et $m'$ avant un choc, et la direction de la ligne des centres pendant le choc, ce que seront les vitesses après ce choc. D'autre part, le gaz est en état de régime permanent ; l'effet produit en ce qui regarde le changement de répartition des vitesses par les chocs d'une certaine espèce doit donc être à chaque instant compensé par les chocs de « l'espèce contraire » (pour lesquels la marche des molécules qui se heurtent est exactement la même, mais dans l'ordre inverse). Boltzmann réussit alors à montrer, *sans autre hypothèse*, que cette compensation continuelle implique l'égalité entre les énergies moyennes des molécules $m$ et $m'$. Enfin la loi du mélange des gaz exige alors que ces énergies moyennes soient encore les mêmes pour les gaz séparés (ceci comme précédemment).

Puisque, d'autre part, nous avons montré que l'énergie moléculaire totale est la même pour les masses de gaz différents qui occupent le même volume dans les mêmes conditions de température et pression, il faut que ces masses contiennent le même nombre de molécules : c'est l'hypothèse d'Avogadro. Justifiée par ses conséquences,

---

1. *Théorie cinétique*, chapitre I.

mais pourtant introduite de façon un peu arbitraire (*13*) cette hypothèse trouve donc un fondement logique dans la théorie de Boltzmann.

**37. — Effusion par les petites ouvertures. —** Les valeurs qui viennent d'être données pour les vitesses moléculaires échappent encore aux vérifications directes. Mais ces valeurs qui rendent compte de la pression des gaz rendent également compte de deux phénomènes tout à fait différents, et ceci donne un contrôle précieux de la théorie.

L'un de ces phénomènes est l'*effusion*, c'est-à-dire le passage progressif d'un gaz au travers d'une très petite ouverture percée en paroi très mince dans l'enceinte qui contient le gaz. Pour comprendre comment se produit cette effusion, rappelons que la masse de gaz qui frappe par seconde un élément donné de la paroi est proportionnelle au produit de la vitesse moléculaire moyenne G par la densité $d$ du gaz. Supposons maintenant qu'on supprime brusquement cet élément de la paroi : les molécules qui allaient le frapper disparaîtront au travers du trou. Le débit initial sera donc proportionnel au produit $Gd$ ; il restera d'ailleurs constant si le trou est assez petit pour n'apporter aucune perturbation notable dans le régime d'agitation moléculaire.

La *masse* ainsi effusée étant proportionnelle à $Gd$, le *volume* de cette masse ramenée à la pression de l'enceinte est proportionnel à la vitesse moléculaire G, ou, tout aussi bien, proportionnel à la vitesse quadratique moyenne U $\left(\text{égale à } \dfrac{13}{12}\,G\right)$.

Puisque, enfin, à température constante le produit $MU^2$ ne dépend pas du gaz, nous voyons que :

*Le volume effusé dans un même temps doit varier en raison inverse de la racine carrée du poids moléculaire du gaz.*

C'est précisément la loi qui a été vérifiée pour les divers gaz usuels [1]. L'hydrogène par exemple effuse 4 fois plus vite que l'oxygène.

**38**. — **Largeur des raies spectrales**. — L'effusion nous a donné un contrôle pour les *rapports* des vitesses moléculaires des divers gaz, mais laisse indéterminées les valeurs *absolues* de ces vitesses qui, d'après ce que nous avons dit doivent atteindre plusieurs centaines de mètres par seconde.

Or on a pu récemment signaler un phénomène sans rapport apparent avec la pression que développent les gaz, qui permet également de calculer les vitesses des molécules supposées existantes, et qui a donné précisément les mêmes valeurs.

Tout le monde sait que la décharge électrique illumine les gaz raréfiés. Examinée au spectroscope, la lumière émise par les « tubes de Geissler » ainsi utilisés, se résout en « raies » fines,

---

1. Une fois vérifiée, cette loi pourra servir à déterminer des poids moléculaires inconnus : s'il faut attendre 2.65 fois plus longtemps pour appauvrir dans le même rapport par effusion une même enceinte quand elle contient de l'émanation du radium que lorsqu'elle contient de l'oxygène, on connaîtra le poids moléculaire de l'émanation en multipliant celui 32 de l'oxygène par $(2.65)^2$, soit environ par 7.

correspondant chacune à une lumière simple, comparable à un son de hauteur déterminé. Pourtant, si l'analyseur de lumière devient suffisamment puissant (spectroscopes à réseau et surtout interféromètres) on finit toujours par trouver une largeur appréciable aux raies les plus fines.

C'est ce que lord Rayleigh avait prévu, par la réflexion très ingénieuse que voici : il admet que la lumière *émise* par chaque centre vibrant (atome ou molécule) est réellement simple, mais que ce centre étant toujours en mouvement, la lumière perçue a une période plus brève ou plus longue, selon que le centre vibrant s'approche ou s'éloigne.

Dans le cas du son, l'observation nous est familière : nous savons bien que le son d'une trompe d'automobile, émis avec une hauteur évidemment fixée, nous paraît changé quand l'automobile est en marche, plus aigu tant qu'elle s'approche (car nous percevons alors plus de vibrations par seconde qu'il n'en est émis dans le même temps), et brusquement plus grave dès qu'elle nous dépasse (car nous en recevons alors moins). Le calcul précis (facile) montre que si $v$ est la vitesse de la source sonore, et V celle du son, la hauteur du son perçu s'obtient en multipliant ou divisant la hauteur réelle par $(1 + v/V)$, suivant que la source s'approche ou s'éloigne. (Cela peut faire une variation brusque de l'ordre d'une tierce, quand la source nous dépasse.)

Les mêmes considérations s'appliquent à la lumière, et c'est ce qu'on appelle le Principe de Doppler-Fizeau. Elles ont permis d'abord de comprendre pourquoi, avec de bons spectroscopes ordinaires, les raies caractéristiques des métaux retrouvées dans les diverses étoiles étaient tantôt toutes déplacées un peu vers le rouge (étoiles qui s'éloignent de nous) et tantôt vers le violet (étoiles qui s'approchent). Les vitesses ainsi mesurées pour les étoiles sont moyennement de l'ordre de 50 kilomètres par seconde.

Mais, avec de meilleurs instruments, même des vitesses de quelques centaines de mètres pourront être décelées. Si nous observons, à angle droit de la force électrique[1] la partie capillaire brillante d'un tube de Geissler à vapeur de mercure plongé dans la glace fondante, la lumière observée provient d'un nombre immense d'atomes qui se meuvent dans toutes les directions avec des vitesses qui sont de l'ordre de 200 mètres par seconde ; nous ne pouvons donc plus percevoir une lumière rigoureusement simple, et un appareil suffisamment dispersif révélera une bande diffuse au lieu d'une raie infiniment fine. Le calcul précis permet de prévoir quelle vitesse moléculaire moyenne correspond à l'étalement observé. Il n'y a plus qu'à voir si cette vitesse concorde avec celle qu'on prévoit, dans la théorie qui précède, quand on connaît la molécule-gramme et la température.

Les expériences ont été faites par Michelson, puis de façon plus précise et dans des cas plus nombreux, par Fabry et Buisson. Elles ne peu-

---

1. Pour ne pas être gêné par l'accroissement de vitesse que cette force peut communiquer dans sa direction au centre lumineux si celui-ci est chargé (effet Doppler constaté sur les rayons « canaux » (positifs) des tubes de Crookes (Stark).

vent laisser aucun doute : les vitesses calculées par les deux méthodes concordent peut-être au centième près. (Qualitativement, une raie est d'autant plus large que la masse moléculaire du gaz lumineux est plus faible, et que la température est plus élevée.)

Une fois bien établie cette concordance si remarquable, pour certains gaz et certaines raies, il sera légitime de la regarder comme encore vérifiée dans les cas où l'on ignore soit la masse moléculaire, soit la température, et de déterminer par là cette grandeur inconnue. C'est ainsi que Buisson et Fabry ont prouvé que dans un tube Geissler à hydrogène, le centre lumineux est l'atome d'hydrogène et non la molécule [1].

## Rotations ou vibrations des molécules.

**39.** — **Chaleur spécifique des gaz**. — Nous n'avons encore porté notre attention que sur le mouvement de translation des molécules. Mais probablement ces molécules tournoient en même temps qu'elles se déplacent, et d'autres mouvements plus compliqués peuvent encore s'y produire, si elles ne sont pas rigides.

Lors donc que la température s'élève, l'énergie absorbée par l'échauffement de 1 molécule-

---

1. Les mêmes physiciens, poursuivant ces belles recherches, sont en train de déterminer la température des nébuleuses d'après l'étalement de raies provenant d'atomes connus (hydrogène ou hélium) : après quoi ils pourront déterminer le poids atomique du corps (nebulium) qui émet dans les mêmes nébuleuses, certaines raies que ne donne aucun élément terrestre connu. Ainsi se trouvera découvert et pesé l'atome d'un corps simple dans des régions si lointaines que leur lumière met des siècles à nous parvenir !

gramme du gaz ne peut qu'être supérieure à l'accroissement de l'énergie moléculaire de translation, que nous savons égale à $\frac{3}{2}$ RT. Pour chaque élévation de 1 degré, et à volume constant (de manière que toute l'énergie soit communiquée au gaz par échauffement, et non par un travail de compression) la quantité de chaleur absorbée par la molécule-gramme du gaz (chaleur spécifique moléculaire à volume constant) sera donc supérieure ou égale à $\frac{3R}{2}$ unités C. G. S. d'énergie (ergs), c'est-à-dire à 2,98 calories[1] soit, sensiblement, 3 calories.

C'est là une limitation bien remarquable. Il suffirait, pour mettre en échec la théorie cinétique, d'un seul cas bien établi où la chaleur qu'abandonnent 3 grammes d'eau en se refroidissant de 1 degré élèverait de plus que 1 degré (à volume constant) la température de 1 molécule-gramme d'un corps gazeux. Mais cela n'a jamais eu lieu.

**40. — Gaz monoatomiques.** — On devait se demander si la chaleur spécifique moléculaire à volume constant (que nous appellerons $c$) pouvait s'abaisser jusqu'à cette limite inférieure de 3 calories. En ce cas il faudrait non seulement que l'énergie interne de la molécule ne changeât pas quand la température s'élève, mais que de plus l'énergie de rotation restât constamment

---

1. Car $\frac{3}{2}$ R ergs valent $12,5.10^7$ ; ou, (puisque la calorie vaut $4,18.10^7$ ergs), 2,98 calories.

nulle, donc il faudrait que deux molécules qui se heurtent se comportent comme deux sphères parfaitement glissantes qui ne mordent pas l'une sur l'autre au moment de leur choc.

Si cette propriété a chance d'être possédée par certaines molécules, il semble que ce doit être pour des molécules formées d'un seul atome. C'est le cas de la vapeur de mercure pour laquelle il était donc particulièrement intéressant de déterminer $c$. L'expérience, faite dans ce but par Kundt et Warburg, a donné précisément la valeur 3. (Le même résultat a été retrouvé pour la vapeur monoatomique du zinc.)

D'autre part, Rayleigh et Ramsay ont découvert dans l'atmosphère des corps simples gazeux chimiquement inactifs (hélium, néon, argon, krypton, xénon), que cette inactivité même avait dissimulés aux chimistes. Ces corps, qu'on n'a pu combiner à aucun autre corps, sont probablement formés par des atomes de valence nulle, qui ne peuvent pas plus se combiner entre eux qu'avec d'autres atomes : les molécules de ces gaz sont donc probablement monoatomiques. Et, en effet, pour chacun de ces gaz, la chaleur spécifique $c$ se trouve exactement égale à 3, à toute température (expériences poussées jusqu'à 2 500° pour l'argon).

Bref, quand les molécules sont monoatomiques, elles ne se font pas tourner quand elles se heurtent avec des vitesses qui sont pourtant de l'ordre du kilomètre par seconde. A cet égard les atomes se comportent comme feraient des sphères parfaitement rigides et lisses (Boltzmann). Mais ce n'est là qu'un des modèles possibles, et tout ce que suggère l'absence de rotation, c'est que deux atomes qui s'approchent l'un de l'autre se repoussent suivant une force centrale, c'est-à-dire dirigée vers le centre de gravité de chaque atome et ne pouvant donc faire tourner cet atome. De même (avec cette différence qu'il s'agit là de forces attractives) une comète qui se trouve fortement déviée par son passage près du soleil ne communique à ce dernier aucune rotation.

En d'autres termes, au moment où deux atomes lancés l'un vers l'autre subissent le brusque changement de vitesse qui définit le choc, ces deux atomes agiraient l'un sur l'autre comme pourraient faire deux *centres* ponctuels répulsifs de dimensions infiniment petites par rapport à leur distance.

En fait, nous serons plus tard conduits (*94*) à penser que la matière d'un atome pourrait bien être enfermée dans une sphère de diamètre extrêmement petit, repoussant avec une violence extrême tout atome qui s'en rapproche au delà d'une certaine limite, en sorte que la distance minimum des centres de deux atomes qui s'affrontent avec des vitesses de l'ordre du kilomètre par seconde reste bien supérieure au diamètre réel de ces atomes. Ainsi la portée des canons d'un navire dépasse énormément l'enceinte de ce navire. Cette distance minimum est le rayon d'une *sphère de protection* concentrique à l'atome et beaucoup plus vaste que lui. Nous verrons qu'un phénomène tout nouveau se produit quand on réussit à accroître beaucoup la vitesse qui précède le choc, et qu'alors les atomes percent les sphères de protection au lieu de rebondir sur elles.

**41. — Une grave difficulté.** — Même si la matière de l'atome est rassemblée dans une sphère très petite relativement à la distance où se produit le choc, il semble toujours impossible d'admettre que la symétrie puisse être et rester telle que, au moment du choc, les forces soient rigoureusement centrales. Or, contrairement à ce qu'on pourrait croire après un examen superficiel, nous ne sommes pas ici dans un cas où il suffise d'une très haute approximation, et c'est là une discontinuité bien intéressante. Pour *si peu* que les atomes s'écartent de la symétrie exigée, ils finiront par prendre une énergie de rotation égale à leur énergie de translation. Et l'on comprend bien en effet que, s'ils sont plus difficiles à mettre en rotation par choc, il est aussi plus difficile qu'un choc modifie la rotation déjà acquise, en sorte que seule changera la durée de mise en équilibre statistique des deux énergies, mais non leur rapport, une fois cet équilibre réalisé. Boltzmann qui a insisté sur ce point s'était au reste demandé si cette durée ne pouvait être grande par rapport à celle de nos mesures.

Mais cela n'est guère admissible, car, très brèves (durée d'une explosion) ou prolongées, ces mesures donnent toujours les mêmes valeurs pour la chaleur spécifique de l'argon, par exemple. Il y a là une difficulté *fondamentale*. Nous pourrons la lever, mais seulement en imaginant une propriété nouvelle et bien étrange de la matière.

**42. — Énergie de rotation des molécules polyatomiques.** — Il est maintenant naturel de nous demander ce que devient la chaleur spécifique $c$ lorsque les molécules, en se heurtant, peuvent se faire tourner.

Boltzmann y a réussi, sans hypothèses nouvelles, en généralisant les procédés de calcul statistique grâce auxquels il avait établi l'égalité des énergies moyennes de translation des molécules. Il a pu ainsi calculer ce que doit être, en régime permanent d'agitation, pour une molécule déterminée, le rapport des énergies moyennes de translation et de rotation, lorsque cette molécule est assimilable à un corps solide [1].

Dans le cas général, où ce solide ne possède pas d'axe de révolution, le résultat, bien simple, est qu'il y a égalité entre les deux sortes d'énergie. L'accroissement de rotation absorbera donc 3 calories par degré, comme l'accroissement de translation, et cela fera 6 calories en tout (ou plus exactement 5,96) pour la chaleur moléculaire $c$ [2].

Mais, si la molécule, semblable à une haltère, est formée de 2 atomes seulement, séparément

---

1. Rappelons que la Stéréochimie (n° 24) attribue aux molécules une solidité au moins approximative.

2. En d'autres termes (que l'on emploie souvent) :

L'état d'une molécule est défini, au point de vue énergie, par les 3 composantes suivant 3 axes fixes de la vitesse de translation et les 3 composantes de la vitesse de rotation. Ces 6 composantes, pouvant être choisies indépendamment, représentent 6 *degrés de liberté*. Pour chaque élévation de 1 degré de température, et par molécule-gramme, l'énergie relative à chaque composante absorbe 1 calorie : *il y a égale répartition de l'énergie entre les degrés de liberté.* (Pour une molécule biatomique rigide, lisse et de révolution, seulement 2 composantes de rotation sont indépendantes, et le nombre de degrés de liberté s'abaisse à 5.)

assimilables à des sphères parfaitement polies
(ou mieux, comme nous venons de voir, à des
centres de forces répulsives) aucun choc ne peut
lui donner de rotation autour de l'axe de révolution qui joint les centres de ces sphères, et le calcul statistique de Boltzmann montre qu'alors
l'énergie moyenne de rotation de la molécule doit
être seulement les 2/3 de l'énergie moyenne de
translation. L'énergie de rotation absorbera donc
2 calories par degré, puisque l'énergie de translation en absorbe 3, et cela fera 5 en tout (ou plus
exactement 4,97) pour la chaleur $c$.

Si enfin la molécule n'est plus solide, toute déformation ou toute vibration intérieure due aux
chocs absorbera encore de l'énergie et la chaleur spécifique s'élèvera au-dessus de 5 calories,
si la molécule est biatomique, au-dessus de 6, si
elle est polyatomique.

Dans leur ensemble, les résultats expérimen-
taux sont en accord avec ces prévisions.

D'abord, pour un grand nombre de gaz biatomiques, et comme il est prévu pour des molécules
semblables à des haltères lisses et rigides, la chaleur spécifique $c$ se trouve avoir sensiblement la
même valeur, égale à 5 calories. C'est le cas (les
mesures étant faites au voisinage de la température
ordinaire) pour l'oxygène $O_2$, l'azote $N_2$, l'hydrogène $H_2$, l'acide chlorhydrique HCl, l'oxyde de
carbone CO, le bioxyde d'azote NO, etc.

Pour d'autres gaz biatomiques (iode $I_2$, brome
$Br_2$, chlore $Cl_2$, chlorure d'iode ICl) la chaleur $c$
est de 6 à 6,5 calories. Or ce sont précisément
des gaz qui se dissocient en molécules monoato-

miques à des températures que nous pouvons atteindre (pour l'iode, la dissociation est déjà presque complète vers 1 500°). Il semble permis de supposer que cette dissociation est précédée par une modification intérieure à la molécule, la liaison entre les atomes se relâchant avant rupture complète, en absorbant de l'énergie.

Enfin, pour les gaz polyatomiques, nous devons nous attendre avec Boltzmann à ce que la chaleur $c$ soit égale ou supérieure à 6 calories. Et c'est bien la valeur trouvée pour la vapeur d'eau ou le méthane. Le plus souvent, au reste, le nombre trouvé est notablement plus grand (8 pour l'acétylène, 10 pour le sulfure du carbone, 15 pour le chloroforme, 30 pour l'éther). Comme les chances de modification intérieure dues aux chocs semblent d'autant plus grandes que la molécule est plus complexe, ces valeurs élevées n'ont rien qui doivent surprendre.

**43. — L'énergie interne des molécules ne peut varier que par bonds discontinus.** — Les divers gaz monoatomiques (tels le mercure ou l'argon) nous ont appris que l'énergie intérieure aux atomes ne dépend pas de la température. Il est donc raisonnable de penser que l'énergie absorbée à l'intérieur d'une molécule polyatomique quand la température s'élève se retrouve seulement sous forme d'oscillation des atomes invariables de cette molécule autour de positions d'équilibre, oscillation impliquant à chaque instant de l'énergie cinétique et de l'énergie potentielle pour les atomes en mouvement.

Il est bien remarquable qu'alors on ne peut pas admettre que l'énergie de cette oscillation soit une grandeur continue, capable de varier par degrés insensibles. En ce cas, en effet, le raisonnement statistique de Boltzmann pourrait s'étendre jusqu'aux atomes vibrants, et, pour nous limiter aux molécules biatomiques, le supplément de chaleur absorbé par l'énergie cinétique d'oscillation à chaque élévation de $1°$ serait $\dfrac{R}{2}$, soit 1 calorie, et en outre il y aurait de la chaleur absorbée par l'énergie potentielle moyenne de l'oscillation[1].

La chaleur spécifique $c$ d'un gaz biatomique, probablement égale à 7, ne pourrait donc en aucun cas être comprise entre 5 et 6, et plus simplement ne serait jamais inférieure à 6, car l'oscillation d'amplitude continûment variable ne commencerait pas à exister seulement au-dessus d'une certaine température.

Or nous avons vu que cela n'est pas : la chaleur spécifique des gaz biatomiques est généralement voisine de 5 ; elle grandit au reste lentement quand la température s'élève. C'est ainsi que (Nernst), pour l'oxygène $O_2$ elle est 5,17 à $300°$, 5,35 à $500°$, et 6 à $2000°$, température à laquelle l'oxygène se comporte donc comme font le chlore ou l'iode au voisinage de la température ordinaire.

---

1. Ce deuxième supplément se monterait aussi à 1 calorie si, comme dans le pendule, la force tirant chaque atome vers sa position d'équilibre était proportionnelle à *l'élongation* (distance à la position d'équilibre), auquel cas il y aurait, comme dans le pendule, égalité entre l'énergie potentielle moyenne et l'énergie cinétique moyenne de l'oscillation (extension du théorème, indiqué en Note au n° 42 sur l'équipartition de l'énergie).

Ces valeurs de la chaleur spécifique, toujours inférieures à ce qu'exigerait l'hypothèse si naturelle d'une oscillation intérieure à énergie continûment variable, s'expliquent si certaines molécules, en nombre progressivement croissant, se trouvent modifiées de façon *discontinue* quand la température s'élève.

Comme on les rencontre toujours quand les molécules deviennent proches de leur dissociation en atomes (iode, brome, chlore, puis oxygène, azote et hydrogène) il est raisonnable de penser que ces discontinuités s'accompagnent de relâchements brusques des valences qui lient les atomes, chaque diminution de solidité absorbant un *quantum* défini d'énergie. Ainsi, quand on remonte une horloge, on sent, au doigt, que l'énergie emmagasinée dans le ressort grandit par quanta indivisibles.

Il demeure au reste probable que l'énergie de chaque quantum est emmagasinée dans la molécule sous forme d'énergie oscillatoire, mais il faut admettre, à l'encontre de ce que nous suggèrent les systèmes vibrants qui sont à notre échelle, que l'énergie d'oscillation intérieure d'une molécule ne peut varier que par bonds discontinus. Si étrange que semble au premier abord ce genre de discontinuité, on est actuellement disposé à l'admettre avec Einstein, par extension d'une hypothèse géniale qui a permis à Planck d'expliquer la composition du rayonnement isotherme, comme nous le verrons bientôt (*88*).

Suivant cette hypothèse, pour chaque oscillateur, l'énergie varie par quanta égaux. Chacun de ces quanta, de ces grains d'énergie, est d'ailleurs le produit $h\nu$ de la fréquence $\nu$ (nombre de vibrations par seconde) propre à l'oscillateur, par une constante universelle $h$ indépendante de l'oscillateur.

Une fois ceci admis, on peut, comme l'a montré Einstein, en faisant des hypothèses simples sur la répartition probable de l'énergie entre les oscillateurs, calculer la chaleur spécifique à toute température en fonction de la fréquence $\nu$. Lorsque la fréquence est assez petite ou la température assez élevée, on retrouve, comme dans la théorie de Boltzmann, l'énergie également partagée entre les *degrés de liberté* de translation, de rotation et d'oscillation.

**44. — Molécules sans cesse en état de choc. — Chaleur spécifique des corps solides.** — Je n'ai pas considéré jusqu'ici l'énergie potentielle qui se développe à l'instant même du choc, par exemple quand deux molécules s'affrontent avec des vitesses égales, s'arrêtant l'une contre l'autre avant de rebondir avec des vitesses inversées. Par molécule, l'énergie potentielle du choc est en moyenne nulle dans un gaz où la durée des chocs est très petite par rapport à la durée qui sépare deux chocs : en d'autres termes, à un instant pris au hasard, l'énergie potentielle de choc d'une molécule est généralement inexistante, et sa valeur moyenne est donc nulle. Cette raison de bon sens, que me donne M. Bauer, suffit à prouver, sans calculs, que l'équipartition de l'énergie ne peut alors s'étendre à l'énergie de choc.

Mais, si on comprime progressivement le gaz, les chocs y deviennent de plus en plus nombreux, et la fraction de l'énergie totale à chaque instant présente sous forme d'énergie potentielle due aux chocs y doit grandir sans cesse. Au delà d'une certaine compression, il n'arrivera pratiquement plus jamais qu'une molécule puisse être considérée comme libre.

Il n'est pas évident, mais il est possible, que la molécule soit alors beaucoup moins rigide que dans l'état gazeux, parce que chaque atome sera sollicité vers des atomes voisins extérieurs à la molécule par des forces de cohésion de grandeur comparable à celles qui le sollicitent vers les autres atomes de la molécule (Langevin). Cela revient à admettre que chaque atome peut s'écarter assez facilement, dans tous les sens, d'une certaine position d'équilibre.

Les lois de l'élasticité des solides (réaction proportionnelle à la déformation) conduisent à supposer que la force qui ramène l'atome vers cette position d'équilibre est proportionnelle à l'écart, d'où résultent pour l'atome des vibrations pendulaires, où l'énergie potentielle est en moyenne égale à l'énergie de mouvement.

En écrivant enfin, par les procédés statistiques de Boltzmann, que le régime d'agitation est permanent et en considérant un solide en équilibre thermique avec un gaz, nous trouverons que l'énergie cinétique moyenne a même valeur pour chacun des atomes du solide, ou pour chaque molécule du gaz. Quand la température s'élève de $1°$, chaque atome-gramme du corps solide absorbe donc 3 calories par suite de l'accroissement d'énergie de mouvement des atomes qui le forment, et, d'après ce que nous avons dit sur l'égalité des énergies cinétique et potentielle. il absorbe également 3 calories par suite de l'accroissement des énergies potentielles de ces atomes. Cela fait en tout 6 calories : nous retrouvons la loi de Dulong et Petit (*15*).

Mais nous ne comprenons pas ainsi comment la chaleur spécifique des solides tend vers zéro quand la température devient extrêmement basse, en sorte que cette loi de Dulong et Petit devient alors grossièrement fausse. Nous verrons (*90*) qu'Einstein a réussi à expliquer cette variation de la chaleur spécifique, mais à condition de supposer (comme il l'avait fait pour les oscillations intérieures aux molécules des gaz) que l'énergie d'oscillation relative à chacun des atomes varie par quanta indivisibles, de la forme $h\nu$, plus ou moins grands, suivant que la fréquence $\nu$ de l'oscillation possible pour l'atome est plus forte ou plus faible.

**45. — Gaz aux très basses températures. — Même l'énergie de rotation varie de façon discontinue. —** Pour les gaz comme pour les solides, il survient à très basse température des singularités qu'au premier abord il paraît très difficile d'expliquer.

Déjà, à la température de la glace fondante (273° absolus), la chaleur spécifique de l'hydrogène est seulement 4,75, donc nettement inférieure à la valeur théorique 4,97. Ce n'est pas là une forte divergence, mais comme l'a fait justement remarquer Nernst, elle se produit dans un sens qui est tout à fait inconciliable avec les conclusions de Boltzmann sur l'énergie de rotation. Sous son impulsion, des recherches ont alors été faites par Eucken à très basse température, et ont conduit à ce résultat surprenant que, au-dessous de 50° absolus, la chaleur spécifique de l'hydrogène est devenue 3, comme pour les gaz monoatomiques! Pour d'autres gaz, la chaleur spécifique aux basses températures devient également inférieure à la valeur théorique (bien que beaucoup moins vite que pour l'hydrogène) et il semble en définitive probable qu'à température suffisamment basse[1] tous les gaz prennent la chaleur spécifique 3 des gaz monoatomiques, c'est-à-dire que les molécules, bien que non sphériques, cessent de se communiquer par leurs chocs une énergie de rotation comparable à leur énergie de translation.

Cela est incompréhensible, d'après ce que nous avons vu, si l'énergie de rotation peut varier par degrés insensibles. Et nous sommes *forcés* d'admettre avec Nernst qu'en effet cette énergie de rotation varie par quanta indivisibles comme l'énergie d'oscillation des atomes de la molécule. Il revient au même de dire que la vitesse angulaire de rotation varie de façon discontinue. Cela est bien étrange, mais si nous observons qu'il peut s'agir, comme nous verrons, de rotations si rapides qu'une molécule fasse bien plus d'un million de tours sur elle-même en un millionième de seconde[2],

---

1. La liquéfaction sera toujours évitable si l'on opère sous pression réduite.

2. En sorte que l'accélération a une valeur colossale.

nous serons moins étonnés qu'il puisse alors intervenir des propriétés de la matière tout à fait insensibles à l'échelle des rotations qui nous sont familières.

Revenant alors aux molécules monoatomiques, nous commencerons à soupçonner la solution de la difficulté qui nous a si fort embarrassés. Si deux de ces atomes ne se font pas tourner quand ils se heurtent, bien qu'ils ne puissent pas se repousser suivant des forces *rigoureusement* centrales, la cause en est sans doute à chercher dans une très forte discontinuité de l'énergie de rotation. Assujettis à tourner très rapidement ou à ne pas tourner du tout, ils ne pourraient en général acquérir par choc la grande énergie de la rotation minimum qu'à des températures très élevées, pour lesquelles on n'a pu jusqu'ici mesurer la chaleur spécifique. Nous préciserons bientôt cette idée (*94*) et nous verrons par là combien l'atome tient réellement peu de place au centre de sa sphère de protection.

## Libre parcours moléculaire.

**46.** — **Viscosité des gaz.** — Bien que les molécules aient des vitesses de plusieurs centaines de mètres par seconde, même les gaz se mélangent lentement par diffusion. Cela s'explique, si l'on songe que chaque molécule, sans cesse rejetée en tous sens par les chocs qu'elle subit, peut mettre beaucoup de temps à s'éloigner de sa position initiale.

Si nous réfléchissons à la façon dont le mouvement d'une molécule est ainsi gêné par les molécules voisines, nous serons conduits à considérer le *libre parcours moyen* d'une molécule, qui est la valeur moyenne du chemin qu'une molécule parcourt, en ligne droite, entre deux chocs successifs. On a pu calculer ce libre parcours moyen (dont la connaissance nous aidera à évaluer la grandeur des molécules), en cherchant comment il peut être lié à la « viscosité » du gaz.

On n'est guère habitué, dans la pratique, à regarder les gaz comme visqueux. Ils le sont en effet bien moins que les liquides, mais ils le sont pourtant de façon mesurable. Si, par exemple, un disque horizontal bien poli, placé dans un gaz, tourne d'un mouvement uniforme autour de l'axe vertical qui passe par son centre, il ne se borne pas à glisser sur lui-même dans la couche gazeuse qui l'entoure, mais il entraîne cette couche qui, à son tour, entraîne par frottement une couche voisine, et ainsi de proche en proche, le mouvement se communiquant par « frottement intérieur », absolument de la même manière que dans un liquide, en sorte qu'un disque parallèle au premier, suspendu au-dessus de lui par un fil de torsion, est bientôt entraîné par les forces tangentielles ainsi transmises, jusqu'à ce que la torsion équilibre ces forces (ce qui permet de les mesurer).

L'agitation moléculaire explique aisément ce phénomène. Pour nous en rendre compte, imaginons d'abord deux trains de voyageurs qui glisseraient dans un même sens, sur des rails parallèles, avec des vitesses presque égales. Les voyageurs pourraient s'amuser à sauter sans cesse de l'un sur l'autre, recevant chaque fois un léger choc. Grâce à ces chocs, les voyageurs tombant sur le train moins rapide en accroîtraient lentement la vitesse, diminuant au contraire celle du train plus rapide quand ils sauteraient sur lui. Ainsi les deux vitesses finiraient par s'égaliser, absolument comme par frottement, et ce serait bien un frottement en effet, mais dont nous apercevons le mécanisme.

Il en sera de même si deux couches gazeuses glissent l'une sur l'autre. Cela revient à dire que, par exemple, les molécules de la couche inférieure ont en moyenne un certain excès de vitesse, dans une certaine direction horizontale, sur les molécules de la couche supérieure. Mais elles se meuvent en tous sens, et, par suite, des molécules de la couche inférieure seront sans cesse projetées dans la couche supérieure. Elles y apporteront leur excès de vitesse, qui se répartira bientôt entre les molécules de cette couche supérieure dont la vitesse dans le sens indiqué sera donc un peu augmentée ; dans le même temps, sous l'action des projectiles venus de la couche supérieure, la vitesse de la couche inférieure diminuera un peu ; l'égalisation des vitesses se produira donc, à moins qu'une cause extérieure ne maintienne artificiellement leur différence constante.

L'action d'un projectile sur une couche sera d'autant plus grande qu'il viendra d'une couche plus éloignée, apportant par suite un excès de vitesse plus grand, ce qui arrivera d'autant plus souvent que le libre parcours moyen sera plus grand. D'autre part, l'effet du bombardement, pour un même libre parcours, doit être proportionnel au nombre de projectiles qu'une couche reçoit de ses voisines. Nous sommes par là préparés à admettre le résultat de l'analyse mathématique plus détaillée[1] par laquelle Maxwell a montré que le coefficient $\zeta$ de viscosité (force tangentielle par centimètre carré pour un gradient de vitesse égal à 1) doit être à peu près égal au tiers du produit des trois quantités suivantes : densité $d$ du gaz, vitesse moléculaire moyenne G, et libre parcours moyen L :

$$\zeta = \frac{1}{3}\, GLd.$$

Il est presque évident que pour une densité mettons 3 fois plus faible, le libre parcours sera 3 fois plus grand. Si donc L varie ainsi en sens inverse de $d$, le produit GL$d$ ne change pas : *la viscosité est indépendante de la pression* (à température fixée). C'est là une loi qui parut bien surprenante et dont la vérification (Maxwell, 1866) fut un des premiers grands succès de la théorie cinétique[2].

Puisqu'enfin la viscosité est mesurable[1] (nous avons indiqué un moyen) nous voyons que dans

---

1. Le raisonnement est très semblable à celui qui nous a donné la pression en fonction de la vitesse.

2. Aux très basses pressions on devra s'arranger pour que les dimensions de l'appareil de mesure (telle la distance des plateaux qui s'entraînent par frottement intérieur) restent grandes par rapport au libre parcours : sinon la théorie serait inapplicable.

l'équation de Maxwell tout est connu sauf le libre parcours L, qui se trouve donc atteint. Pour l'oxygène ou pour l'azote (conditions normales) ce libre parcours moyen est sensiblement 1 dix-millième de millimètre ($0\mu,1$). Il est à peu près le double pour l'hydrogène. Aux basses pressions réalisées dans les tubes de Crookes, il arrive donc souvent qu'une molécule parcourt en ligne droite plusieurs centimètres sans rencontrer une autre molécule.

Pendant une seconde, la molécule décrit autant de libres parcours qu'elle subit de chocs, et son chemin total pendant ce temps doit être la vitesse moyenne G ; le *nombre de chocs par seconde* est donc le quotient de cette vitesse par le libre parcours moyen. Cela fait à peu près 5 milliards pour les molécules de l'air dans les conditions normales.

**47. — Le diamètre moléculaire, tel que le définissent les chocs.** — Nous avons calculé le libre parcours moyen en comprenant comment la viscosité en dépend. Nous pouvons aussi le calculer en partant de cette idée simple que le libre parcours doit être d'autant plus grand que les molécules sont plus petites (elles ne se heurteraient jamais si elles étaient des points sans dimensions).

Clausius a pensé qu'on ne ferait pas d'erreur grossière en assimilant les molécules à des billes sphériques, de diamètre égal à la distance des

---

1. Ordre de grandeur : $0^{dyne},00018$ pour l'oxygène (conditions normales). L'eau à 20° est environ 50 fois plus visqueuse.

centres de deux molécules qui se heurtent, sphéricité qui du reste doit être sensiblement réalisée pour les molécules monoatomiques. Il faut prendre garde, comme je l'ai dit tout à l'heure, que cette distance au moment du choc (probablement un peu variable suivant la violence du choc) est égale au rayon d'une *sphère de protection* due à des forces répulsives intenses et non pas forcément au diamètre de la matière qui forme la molécule. Plusieurs difficultés de théorie cinétique proviennent simplement de ce qu'on a désigné par la même expression de diamètre moléculaire des longueurs qui peuvent être fort différentes[1]. Pour éviter toute confusion, nous appellerons *diamètre de choc* ou *rayon de protection* ce que Clausius appelait diamètre moléculaire. Quand deux molécules se heurtent, leurs *sphères de choc* sont tangentes.

Ces réserves faites, soit un gaz dont la molécule-gramme occupe le volume $v$, en sorte que dans l'unité de volume il y a $\dfrac{N}{v}$ molécules, animées en moyenne de la vitesse $G$. Supposons qu'à un instant donné toutes les molécules soient immobilisées dans leurs positions, sauf une qui va garder cette vitesse $G$, rebondissant de molécule en molécule, avec un libre parcours moyen $L'$ (qui diffère, comme nous allons voir, du libre parcours $L$ défini dans le cas où toutes les molécules s'agitent). Considérons la suite des cylindres de

---

1. Diamètre de la masse réelle, diamètre de choc, diamètre défini par le rapprochement de molécules dans l'état solide froid, diamètre de la sphère conductrice qui aurait même effet que la molécule, etc.

révolution qui ont pour axe les directions successives de la molécule mobile, et pour base un cercle
dont le rayon D est ce que nous venons d'appeler
le diamètre de choc, cylindres dont le volume
moyen est $\pi D^2 L'$. Après un grand nombre de
chocs, soit $p$, le volume de la suite des cylindres,
égal à $p \cdot \pi D^2 L'$, contient autant de molécules immobiles qu'il comporte de tronçons. Puisque l'unité
de volume renferme $\dfrac{N}{v}$ molécules, cela fait :

$$\frac{N}{v}\, p\pi D^2 L' = p \qquad \text{ou} \qquad N\pi D^2 = \frac{v}{L'}$$

équation dont Clausius s'était contenté, admettant
par inadvertance l'égalité de $L'$ et de $L$. Maxwell
observa que les chances de choc sont plus élevées
pour une molécule de vitesse moyenne G quand
les autres molécules s'agitent également : la vitesse
de 2 molécules l'une par rapport à l'autre [1] prend
alors en effet la valeur moyenne plus élevée
$G\sqrt{2}$. De là résulte que $L'$ doit être égal à $L\sqrt{2}$.

Bref, le calcul de Clausius, rectifié par Maxwell
donne la *surface totale des sphères de choc* des N
molécules d'une molécule-gramme par l'équation

$$\pi N D^2 = \frac{v}{L\sqrt{2}}$$

où L désigne ce qu'est le libre parcours quand le
volume de la molécule-gramme gazeuse est $v$,
libre parcours que nous savons tirer de la viscosité du gaz.

---

1. Soit R une vitesse relative, résultante de vitesses $u$ et $u'$ faisant
l'angle $\varphi$ ; cela donne pour $R^2$ la valeur $(u^2 + u'^2 - 2\,u\,u'\cos\varphi)$,
c'est-à-dire, en moyenne, la valeur $2U^2$.

Appliquant à l'oxygène ($v$ égal à $22\,400^{cmc}$ pour L égal à $0\,\mu,1$) on trouvera que les sphères de choc des molécules de une molécule-gramme (32 grammes) ont une surface totale de 16 hectares; rangées côte à côte dans un même plan, elles couvriraient donc une énorme surface, un peu supérieure à 5 hectares.

Une relation de plus entre le nombre N d'Avogadro et le diamètre D de la sphère de choc nous donnerait ces deux grandeurs.

On peut d'abord observer que le diamètre D, défini par des chocs violents, est probablement un peu plus petit que la distance à laquelle s'approchent les centres des molécules quand le corps est liquide (ou vitreux) et aussi froid que possible. De plus, dans le liquide, les molécules ne peuvent pas être plus serrées que ne sont des boulets dans une pile de boulets. Le *volume total des sphères de choc* $\left(\text{volume N } \dfrac{\pi\,D^3}{6}\right.$ des sphères de protection) est par suite inférieur aux 3/4 du volume limite que prend aux très basses températures la molécule-gramme liquéfiée ou solidifiée. et ce volume limite est connu. L'inégalité ainsi obtenue, combinée avec l'égalité qui donne la *surface* ($N\,\pi\,D^2$) de ces sphères, conduira à une valeur trop forte pour le diamètre D, et trop faible pour le nombre N d'Avogadro.

Faisant le calcul pour le mercure (qui est mono-atomique) on trouve que le diamètre de choc des atomes de mercure est inférieur au millionième de millimètre, et que le nombre d'Avogadro est supérieur à 440 milliards de trillions ($44.10^{22}$).

**48. — Équation de Van der Waals.** — En fait, la limite ainsi assignée à la petitesse des molécules doit être déjà assez approchée, comme il résulte de raisonnements de Van der Waals, dont je veux donner une idée.

Nous savons que les fluides ne vérifient les lois des gaz qu'au delà d'une certaine raréfaction (de l'oxygène sous une pression de 500 atmosphères ne suit plus du tout la loi de Mariotte). C'est qu'alors certaines influences, négligeables dans l'état gazeux, prennent une grande importance. Van der Waals a pensé qu'il suffirait, pour obtenir la loi de compressibilité des fluides condensés, de corriger la théorie faite pour les gaz sur les deux points suivants :

D'abord, quand on a calculé la pression due aux chocs, on a admis que le volume des molécules (plus exactement, le volume des sphères de choc) est négligeable vis-à-vis du volume qu'elles sillonnent. Van der Waals, tenant compte de cette circonstance, trouve par un calcul plus complet l'équation

$$p\,(v - 4\,B) = RT$$

en désignant par B le volume des sphères de choc des N molécules d'une molécule-gramme qui occupe le volume $v$, sous la pression $p$, à la température absolue T. Encore l'équation n'a-t-elle cette forme simple que si B, sans être négligeable, est petit vis-à-vis de $v$ (mettons inférieur au douzième de $v$).

En second lieu (et cette influence est de sens inverse), les molécules du fluide s'attirent, et ceci diminue la pression qu'exercerait le fluide si sa cohésion était nulle. Tenant compte de cette deuxième circonstance, un calcul simple impose en définitive aux fluides l'équation

$$\left(p + \frac{a}{v^2}\right)(v - 4\,B) = RT$$

où $a$ fait intervenir la cohésion du fluide, dont l'influence est proportionnelle au carré de la densité. C'est *l'équation de Van der Waals*[1].

Cette équation célèbre est convenablement vérifiée par l'expérience, tant que le fluide n'est pas trop condensé (de façon grossière, la vérification s'étend même à l'état liquide). En d'autres termes, on peut trouver pour chaque fluide deux nombres qui, mis à la place de $a$ et B, rendent l'équation à peu près exacte pour tout système de valeurs correspondantes de $p$, $v$ et T. (On pourra déterminer ces valeurs de $a$ et B en écrivant que l'équation est vérifiée en particulier pour 2 certains états du fluide, ce qui fera 2 équations en $a$ et B.)

Dès que B sera ainsi connu, nous aurons la *surface de choc* et le *volume de choc* des N molécules d'une molécule-gramme, par les équations

$$\pi N D^2 = \frac{v}{L\sqrt{2}}$$
$$\frac{\pi N D^3}{6} = B$$

qui nous donneront enfin les grandeurs tant cherchées (1873).

---

1. On écrit le plus fréquemment $b$ au lieu de 4 B.

**49.** — **Grandeurs moléculaires.** — On a fait le calcul pour l'oxygène ou l'azote, ce qui donne pour N une valeur à peu près égale à $45.10^{22}$ (savoir, avec des diamètres de $3.10^{-8}$ environ, $40.10^{22}$ pour l'oxygène, $45.10^{22}$ pour l'azote, $50.10^{22}$ pour l'oxyde de carbone, concordance qui mérite d'être signalée). Ce choix n'est pas le meilleur, puisqu'il force à calculer le « diamètre » de molécules sûrement non sphériques. Seul un corps monoatomique, tel que l'argon, peut conduire à un bon résultat. Consultant les données relatives à ce corps, on trouvera que le volume B des sphères de choc, pour une molécule-gramme (40 gr.) est 7,5 centimètres cubes. Ceci entraîne pour la molécule un diamètre de choc égal à $2,85.10^{-8}$, soit

$$D = \frac{2,85}{100\,000\,000} \text{ (centimètre)}$$

et une valeur de N égale à $62.10^{22}$, soit

$$N = 620\,000\,000\,000\,000\,000\,000\,000.$$

La masse d'un atome ou d'une molécule quelconque s'ensuit. La masse de la molécule d'oxygène, par exemple, sera $\frac{32}{N}$, soit $52.10^{-24}$; celle de l'atome d'hydrogène sera de même $1,6.10^{-24}$, soit

$$\frac{1,6}{1\,000\,000\,000\,000\,000\,000\,000\,000\,000} \text{ (gramme)}.$$

Un tel atome se perd en notre corps, à peu près comme celui-ci se perdrait dans le soleil.

L'énergie de mouvement $\frac{3}{2}\frac{R}{N}T$ d'une molécule à la température $273°$ de la glace fondante sera (en ergs) $0,55.10^{-13}$ : en d'autres termes, le travail développé par l'arrêt d'une molécule permettrait d'élever d'à peu près 1 μ un sphérule plein d'eau, ayant 1 μ de diamètre.

Enfin l'atome d'électricité (*30*), quotient $\frac{F}{N}$ du faraday par le nombre d'Avogadro, vaudra $4,7.10^{-10}$ (unités *électrostatiques* C. G. S.), ou, si on préfère, $1,6.10^{-20}$ coulombs. C'est à peu près le milliardième de ce que peut déceler un bon électroscope.

L'incertitude, pour tous ces nombres, est largement de 30 pour 100, en raison des approximations admises dans les calculs qui ont donné les équations de Clausius-Maxwell et de Van der Waals.

Bref, chacune des molécules de l'air que nous respirons se meut avec la vitesse d'une balle de fusil, parcourt en ligne droite entre deux chocs à peu près 1 dix-millième de millimètre, est déviée de sa course 5 milliards de fois par seconde, et pourrait, en s'arrêtant, élever de sa hauteur une poussière encore visible au microscope. Il y en a 30 milliards de milliards dans un centimètre cube d'air, pris dans les conditions normales. Il en faut ranger 3 milliards en file rectiligne pour faire 1 millimètre. Il en faut réunir 20 milliards pour faire 1 milliardième de milligramme.

La théorie cinétique a excité une juste admiration. Elle ne peut suffire à entraîner une conviction complète, en raison des hypothèses multiples qu'elle implique. Cette conviction naîtra sans doute, si des chemins entièrement différents nous font retrouver les mêmes valeurs pour les grandeurs moléculaires.

# CHAPITRE III

## MOUVEMENT BROWNIEN. — ÉMULSIONS

### Historique et caractères généraux.

**50.** — **Le mouvement brownien**. — L'agitation moléculaire échappe à notre perception directe comme le mouvement des vagues de la mer à un observateur trop éloigné. Cependant, si quelque bateau se trouve alors en vue, le même observateur pourra voir un balancement qui lui révélera l'agitation qu'il ne soupçonnait pas. Ne peut-on de même espérer, si des particules microscopiques se trouvent dans un fluide, que ces particules, encore assez grosses pour être suivies sous le microscope, soient déjà assez petites pour être notablement agitées par les chocs moléculaires ?

Cette question aurait pu conduire à la découverte d'un phénomène merveilleux, que nous a révélé l'observation microscopique, et qui nous donne une vue profonde sur les propriétés de l'état fluide.

A l'échelle ordinaire de nos observations, toutes les parties d'un liquide en équilibre nous semblent immobiles. Si l'on place dans ce liquide un objet quelconque plus dense, cet objet tombe, verticalement s'il est sphérique, et nous savons bien qu'une fois arrivé au fond du vase, il y reste, et ne s'avise pas de remonter tout seul.

Ce sont là des notions bien familières, et pourtant elles ne sont bonnes que pour les dimensions auxquelles nos organes sont accoutumés. Il suffit en effet d'examiner au microscope de petites particules placées dans de l'eau pour voir que chacune d'elles, au lieu de tomber régulièrement, est animée d'un mouvement très vif et parfaitement désordonné. Elle va et vient en tournoyant, monte, descend, remonte encore, sans tendre aucunement vers le repos. C'est le *mouvement brownien*, ainsi nommé en souvenir du botaniste anglais *Brown*, qui le découvrit en 1827, aussitôt après la mise en usage des premiers objectifs achromatiques [1].

Cette découverte si remarquable attira peu l'attention. Les physiciens qui entendaient parler de cette agitation la comparaient, je pense, au mouvement des poussières qu'on voit à l'œil nu se déplacer dans un rayon de soleil, sous l'action des courants d'air qui résultent de petites inégalités dans la pression ou la température. Mais, en ce cas, des particules voisines se meuvent à peu près dans le même sens et dessinent grossièrement la forme de ces courants d'air. Or il est impossible d'observer quelque temps le mouvement brownien sans s'apercevoir qu'au contraire

---

1. Buffon et Spallanzani ont eu connaissance du phénomène, mais, faute peut-être de bons microscopes, n'ont pas compris sa nature, et ont vu dans les « particules dansantes » des animalcules rudimentaires (*Ramsay*, Société des naturalistes de Bristol, 1881).

il y a indépendance complète des mouvements de deux particules, même quand elles s'approchent à une distance inférieure à leur diamètre (Brown, Wiener, Gouy).

L'agitation ne peut donc être due à des trépidations de la plaque qui porte la gouttelette observée, car ces trépidations, quand on en produit exprès, produisent précisément des courants d'*ensemble*, que l'on reconnaît sans hésitation et que l'on voit simplement se superposer à l'agitation irrégulière des grains. D'ailleurs, le mouvement brownien se produit sur un bâti bien fixe, la nuit, à la campagne, aussi nettement que le jour, à la ville, sur une table sans cesse ébranlée par le passage de lourds véhicules (Gouy). De même, il ne sert à rien de se donner beaucoup de peine pour assurer l'uniformité de température de la gouttelette : tout ce qu'on gagne est encore seulement de supprimer des courants de convection d'ensemble parfaitement reconnaissables, et sans aucun rapport avec l'agitation irrégulière observée (Wiener, Gouy). On ne gagne rien non plus en diminuant extrêmement l'intensité de la lumière éclairante, ou en changeant sa couleur (Gouy).

Bien entendu, le phénomène n'est pas particulier à l'eau, mais se retrouve dans tous les fluides, d'autant plus actif que ces fluides sont moins visqueux [1]. Aussi est-il à peine perceptible dans

---

[1]. En particulier, l'addition d'impuretés (telles que acides, bases ou sels) n'a *aucune* influence sur le phénomène (Gouy, Svedberg). Si, après un examen superficiel, on a souvent affirmé le contraire, c'est que ces impuretés font adhérer au verre les petites particules

la glycérine, et au contraire extrêmement vif dans les gaz (Bodoszewski, Zsygmondy).

Incidemment, j'ai pu l'observer pour des sphérules d'eau supportés par les « taches noires » des bulles de savon. Ces sphérules étaient de 100 à 1000 fois plus épais que la lame mince qui leur servait de support. Ils sont donc à peu près aux taches noires ce qu'une orange est à une feuille de papier. Leur mouvement brownien, négligeable dans la direction perpendiculaire à la pellicule, est très vif dans le plan de cette pellicule (à peu près comme il serait dans un gaz).

Dans un fluide donné, la grosseur des grains importe beaucoup, et l'agitation est d'autant plus vive que les grains sont plus petits. Cette propriété fut signalée par Brown, dès le premier instant de sa découverte. Quant à la nature des grains, elle paraît avoir peu d'influence, si elle en a. Dans un même fluide, deux grains s'agitent de même quand ils ont la même taille, quelle que soit leur substance et quelle que soit leur densité (Jevons, Ramsay, Gouy). Et incidemment, cette absence d'influence de la nature des grains élimine toute analogie avec les déplacements de grande amplitude que subit un morceau de camphre jeté sur l'eau, déplacements qui du reste finissent par s'arrêter (quand l'eau est saturée de camphre).

qui viennent par hasard toucher la paroi ; mais le mouvement n'est pas affecté pour les autres. Autant vaudrait dire qu'on arrête le mouvement des vagues en clouant contre un quai une planche que ces vagues agitaient.

Enfin, précisément, — et ceci est peut-être le caractère le plus étrange et le plus véritablement nouveau — le mouvement brownien ne s'arrête jamais. A l'intérieur d'une cellule close (de manière à éviter l'évaporation), on peut l'observer pendant des jours, des mois, des années. Il se manifeste dans des inclusions liquides enfermées dans le quartz depuis des milliers d'années. *Il est éternel et spontané.*

Tous ces caractères forcent à conclure avec Wiener (1863) que « l'agitation n'a pas son origine dans les particules, ni dans une cause extérieure au liquide, mais doit être attribuée à des mouvements internes, caractéristiques de l'état fluide », mouvement que les grains suivent d'autant plus fidèlement qu'ils sont plus petits. *Nous atteignons par là une propriété essentielle de ce qu'on appelle un fluide en équilibre : ce repos apparent n'est qu'une illusion due à l'imperfection de nos sens, et correspond, en réalité, à un certain régime permanent de violente agitation désordonnée.*

C'est là précisément la conception que nous avaient suggérée les hypothèses moléculaires, et le mouvement brownien semble bien leur donner la confirmation que nous espérions tout à l'heure. Tout granule situé dans un fluide, sans cesse heurté par les molécules voisines, en reçoit des impulsions qui, en général, ne s'équilibrent pas exactement, et doit être irrégulièrement ballotté.

**51. — Le mouvement brownien et le principe de Car-**

**not.** — Voici donc une agitation qui se produit indéfiniment sans cause extérieure. Il est clair que cette agitation n'est pas en contradiction avec le principe de la conservation de l'énergie. Il suffit que tout accroissement de vitesse d'un grain s'accompagne d'un refroidissement du fluide en son voisinage immédiat, et de même que toute diminution de vitesse s'accompagne d'un échauffement local. Nous apercevons simplement que *l'équilibre thermique n'est, lui aussi, qu'un équilibre statistique.*

Mais on doit observer (Gouy, 1888), que le mouvement brownien, réalité indiscutable, donne la certitude expérimentale aux conclusions (tirées de l'hypothèse de l'agitation moléculaire) par lesquelles Maxwell, Gibbs, et Boltzmann, retirant au *Principe de Carnot* le rang de vérité absolue, l'ont réduit à exprimer seulement une haute probabilité.

On sait que ce principe consiste à affirmer que, dans un milieu en équilibre thermique, il ne peut exister de dispositif permettant de transformer en travail l'énergie calorifique du milieu. Une telle machine permettrait, par exemple, de mouvoir un vaisseau en refroidissant l'eau de la mer, et en raison de l'immensité des réserves, aurait pratiquement pour nous les mêmes avantages qu'une machine permettant « le mouvement perpétuel », c'est-à-dire nous livrant du travail sans rien prendre en échange, sans répercussion extérieure. Mais c'est précisément ce *mouvement perpétuel de seconde espèce* qu'on déclare impossible.

Or il suffit de suivre des yeux, dans de l'eau *en équilibre thermique*, une particule plus dense que l'eau pour la voir à certains instants s'élever spontanément, transformant ainsi en travail une partie de la chaleur du milieu ambiant. Si nous étions de la taille des bactéries, nous pourrions à ce moment fixer au niveau ainsi atteint la poussière que nous n'aurions pas eu la peine d'élever et, par exemple nous bâtir une maison sans avoir à payer l'élévation des matériaux.

Mais, plus la particule à soulever est grosse, et plus il est rare que les hasards de l'agitation moléculaire la soulèvent d'une hauteur donnée. Imaginons une brique de 1 kilogramme suspendue en l'air par une corde. Elle doit avoir un mouvement brownien, à la vérité extraordinairement faible. En fait, nous serons bientôt en état de trouver le temps qu'il faut attendre pour que l'on ait pendant ce temps une chance sur deux de voir la brique se soulever par mouvement brownien à la hauteur d'un second étage. Nous trouverons un temps[1] auprès duquel la durée des périodes géologiques et peut-être de notre univers stellaire est tout à fait négligeable. C'est assez dire, comme le bon sens l'indique, qu'il ne serait pas prudent de compter sur le mouvement brownien pour élever les briques qui doivent servir à construire une maison. Ainsi l'importance pratique du principe de Carnot, *à notre échelle de grandeur et de durée*, ne se trouve pas atteinte;

---

1. Bien supérieur à la durée inimaginable de $10^{10^{10}}$ années.

pourtant nous comprenons évidemment mieux la signification profonde de cette loi de probabilité en l'énonçant de la façon suivante :

*A l'échelle de grandeur qui nous intéresse pratiquement, le mouvement perpétuel de seconde espèce est en général tellement insignifiant qu'il serait déraisonnable d'en tenir compte.*

Il serait d'ailleurs incorrect de dire que ce principe est en contradiction avec le mouvement moléculaire. Bien au contraire, c'est de ce mouvement qu'il résulte, mais sous la forme d'une loi de probabilité. Pour s'affranchir de la contrainte imposée par cette loi, pour transformer à son gré en travail toute l'énergie du mouvement des molécules d'un fluide en équilibre thermique, il faudrait pouvoir *coordonner*, rendre parallèles, les vitesses de toutes ces molécules.

**52.** — Les recherches et les conclusions de Wiener auraient pu exercer une action considérable sur la Théorie mécanique de la chaleur, alors en formation ; mais, embarrassées de considérations confuses sur les actions mutuelles des atomes matériels et des « atomes d'éther », elles restèrent peu connues. Sir W. Ramsay (1876), puis les PP. Delsaulx et Carbonnelle comprirent plus clairement comment le mouvement moléculaire peut causer le mouvement brownien. Suivant eux, « les mouvements intestins qui constituent l'état calorifique des fluides peuvent très bien rendre raison des faits ». Et, de façon plus détaillée : « dans le cas d'une grande surface, les chocs moléculaires, cause de la pression, ne produiront aucun ébranlement du corps suspendu, parce que leur ensemble sollicite également ce corps dans toutes les directions. Mais, si la surface est inférieure à l'étendue capable d'assurer la compensation des irrégularités, il faut reconnaître des pressions inégales et continuellement variables de place en place, que la loi des grands nombres ne ramène plus à l'uniformité, et dont la résultante ne sera plus nulle, mais changera continuellement d'intensité et de direction... (Delsaulx et Carbonnelle.) »

Cette conception fut encore retrouvée par M. Gouy, qui l'exposa avec éclat (1888), par M. Siedentopf (1900), puis par M. Einstein (1905), qui réussit à faire du phénomène une théorie quantitative dont j'aurais bientôt à parler.

Si séduisante que soit l'hypothèse qui place dans l'agitation moléculaire l'origine du mouvement brownien, c'est cependant encore une hypothèse. J'ai tenté (1908) de la soumettre à un contrôle expérimental précis, comme je vais l'expliquer, contrôle qui va nous donner un moyen de vérifier dans leur ensemble les hypothèses moléculaires.

Si en effet l'agitation moléculaire est bien la cause du mouvement brownien, si ce phénomène forme un intermédiaire accessible entre nos dimensions et celles des molécules, on sent qu'il doit y avoir là quelque moyen d'atteindre ces dernières. C'est bien ce qui a lieu et de plusieurs façons. Je vais exposer d'abord celle qui me paraît la plus intuitive.

## L'équilibre statistique des émulsions.

**53. — Extension des lois des gaz aux émulsions diluées.** — Nous avons vu (26) comment les lois des gaz ont été étendues par Van t'Hoff aux solutions diluées, pour lesquelles la *pression osmotique* (exercée sur une paroi *semi-perméable*, qui arrête la matière dissoute et laisse passer le dissolvant), joue le rôle que joue la pression dans l'état gazeux. Nous avons vu en même temps (26, note) que cette loi de van t'Hoff est valable pour toute solution qui vérifie les lois de Raoult.

Or ces lois de Raoult sont indifféremment applicables à toutes les molécules, grosses ou petites, lourdes ou légères. La molécule de sucre qui contient déjà 45 atomes, celle de sulfate de quinine qui en contient plus de 100, ne comptent ni plus ni moins que l'agile molécule d'eau, qui n'en contient que 3.

*N'est-il pas alors supposable qu'il n'y ait aucune limite de grosseur pour l'assemblage d'atomes qui vérifie ces lois? N'est-il pas supposable que même des particules déjà visibles les vérifient encore exactement, en sorte qu'un granule agité par le mouvement brownien ne compte ni plus ni moins qu'une molécule ordinaire en ce qui regarde l'action de ses chocs sur une paroi qui l'arrête? Bref, ne peut-on supposer que les lois des gaz parfaits s'appliquent encore aux émulsions faites de grains visibles ?*

J'ai cherché dans ce sens une expérience cruciale qui pût donner une base expérimentale solide pour attaquer ou défendre la théorie cinétique. Voici celle qui m'a paru la plus simple.

**54. — La répartition d'équilibre dans une colonne gazeuse verticale.** — Tout le monde sait que l'air est plus raréfié sur les montagnes qu'au niveau de la mer, et que, de façon générale, une colonne verticale de gaz s'écrase sous son propre poids. La loi de raréfaction a été donnée par Laplace. (dans le but de tirer, des indications barométriques, la connaissance de l'altitude).

Pour retrouver cette loi, considérons une tranche cylindrique horizontale mince ayant pour base l'unité de surface et une hauteur $h$, sur les deux faces de laquelle s'exercent des pressions un peu différentes $p$ et $p'$. Rien ne serait changé dans l'état de cette tranche si elle était emprisonnée entre deux pistons maintenus par ces pressions, dont la différence $(p - p')$ doit équilibrer la force $gm$ due à la pesanteur, qui sollicite vers le bas la masse $m$ de la tranche. Cette masse $m$ est d'ailleurs à la molécule-gramme M du gaz, comme son volume $(1 \times h)$ est au volume $v$ de la molécule-gramme sous la même pression moyenne, en sorte que

$$p - p' = g \frac{\text{M}}{v} h$$

et, comme la pression moyenne diffère très peu de $p$, ce qui permet de remplacer (d'après l'équation des gaz parfaits) $v$ par $\dfrac{RT}{p}$ , on peut écrire :

$$p - p' = \frac{Mgh}{RT}\, p$$

ou bien :

$$p' = p \left( 1 - \frac{Mgh}{RT} \right).$$

On voit que, une fois choisie l'épaisseur $h$ de la tranche, le rapport des pressions sur les deux faces est fixé, à quelque niveau que soit la tranche. Par exemple, dans l'air à la température ordinaire, la pression baisse de la même façon chaque fois que l'on monte une marche d'un escalier (soit environ de $1/40000$ si la marche est de $20$ centimètres). Si $p_0$ est la pression au bas de l'escalier, la pression après la première marche est $p_0 \left( 1 - \dfrac{Mgh}{RT} \right)$, elle est encore abaissée dans le même rapport après la seconde, donc devient $p_0 \left( 1 - \dfrac{Mgh}{RT} \right)^2$, elle serait après la centième marche $p_0 \left( 1 - \dfrac{Mgh}{RT} \right)^{100}$, et ainsi de suite [1].

Ici encore, peu importe le niveau où com-

---

1. Si l'escalier a $q$ marches le rapport $\dfrac{p}{p_0}$ des pressions aux paliers supérieur et inférieur sera

$$\frac{p}{p_0} = \left( 1 - \frac{Mgh}{RT} \right)^q.$$

On simplifiera le calcul en prenant les logarithmes des deux membres ce qui donne (en logarithmes ordinaires à base 10) par une transformation facile

$$2{,}3 \,\mathrm{Log}\, \frac{p_0}{p} = \frac{Mg\, H}{RT}$$

en appelant H la distance des niveaux extrêmes, supposée divisée en un très grand nombre $q$ de marches de hauteur $h$.

mence notre escalier. Comme il est au reste évident, si l'on part d'un même niveau pour s'élever d'une même hauteur, que l'abaissement de pression ne dépend pas du nombre de marches dans lesquelles on subdivise cette hauteur, on voit qu'en définitive la pression s'abaissera dans le même rapport, chaque fois qu'on s'élèvera de la hauteur H, à partir de n'importe quel niveau. Dans de l'air (à la température ordinaire) on trouverait ainsi que la pression est divisée par 2 chaque fois qu'on s'élève de 6 kilomètres. (Dans l'oxygène pur, à 0°, 5 kilomètres suffiraient.)

Bien entendu, comme la pression, proportionnelle à la densité, est donc proportionnelle au nombre de molécules par unité de volume, le rapport $\dfrac{p_0}{p}$ des pressions peut être remplacé par le rapport $\dfrac{n_0}{n}$ des nombres de molécules aux deux niveaux considérés.

Mais l'élévation qui entraîne une raréfaction donnée change suivant le gaz. On lit en effet sur la formule que le rapport des pressions n'est pas changé si le produit $Mh$ reste le même. En d'autres termes, si la molécule-gramme du second gaz est 16 fois plus légère que celle du premier, l'élévation nécessaire pour y produire la même raréfaction sera 16 fois plus grande dans le deuxième gaz. Comme il faut s'élever de 5 kilomètres dans de l'oxygène à 0° pour que la densité devienne 2 fois plus faible, il faudrait donc s'élever 16 fois plus, soit de 80 kilomètres, dans de l'hydrogène à 0° pour obtenir le même résultat.

J'ai figuré ci-contre trois éprouvettes verticales gigantesques (la plus grande a 300 kilomètres de haut), où l'on aurait mis, en même nombre, des

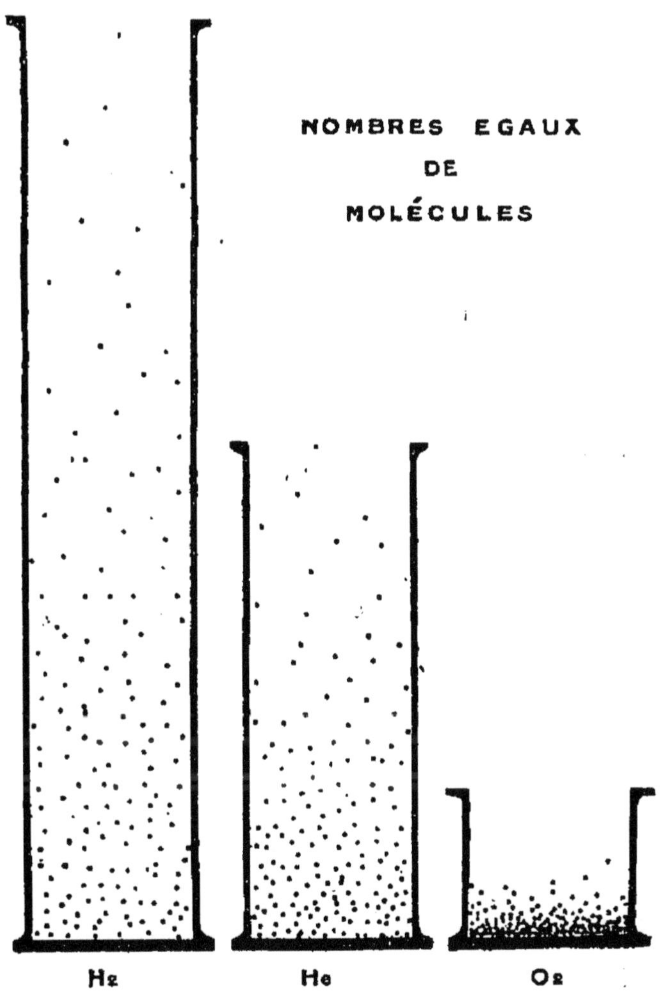


Fig. 3.

molécules d'hydrogène, des molécules d'hélium, et des molécules d'oxygène. A température supposée uniforme, ces molécules se répartiraient comme l'indique le diagramme, d'autant plus ramassées vers le bas qu'elles sont plus pesantes.

**55. — Extension aux émulsions.** — On voit comment les raisonnements précédents s'étendront aux émulsions, *si celles-ci vérifient les lois des gaz*. Les grains de l'émulsion devront être identiques, comme sont les molécules d'un gaz. Les pistons qui interviennent dans le raisonnement seront « semi-perméables », arrêtant les grains, laissant passer l'eau. La « molécule-gramme » de grains sera $Nm$, $N$ étant le nombre d'Avogadro, et $m$ la masse d'un grain. Enfin la force due à la pesanteur, pour chaque grain, ne sera plus le poids $mg$ du grain, mais son *poids efficace*, c'est-à-dire l'excès de ce poids sur la poussée due au liquide environnant, poussée égale à $m\dfrac{d}{D}g$ si $D$ est la densité de la matière qui forme le grain, et $d$ celle du liquide. Une petite élévation $h$ fera donc passer la richesse en grains de $n$ à $n'$ suivant l'équation :

$$\frac{n'}{n} = 1 - \frac{N}{RT}\, m \left(1 - \frac{d}{D}\right) gh$$

ce qui donne immédiatement, comme pour les gaz[1], la raréfaction correspondant à une éléva-

---

1. Encore comme pour les colonnes gazeuses, on simplifiera le calcul en faisant intervenir les logarithmes, ce qui donnera l'équation de répartition des grains

$$2,3 \log \frac{n_0}{n} = \frac{N}{RT}\, m \left(1 - \frac{d}{D}\right) g\, H$$

ou, si on aime mieux mettre en évidence le volume $V$ du grain

$$2,3 \log \frac{n_0}{n} = \frac{N}{RT}\, V\, (D - d)\, g\, H$$

tion quelconque H, que l'on considérera comme un escalier fermé de $q$ petites marches de hauteur $h$.

Ainsi, une fois atteint l'état d'équilibre, par antagonisme entre la pesanteur qui sollicite les grains vers le bas et le mouvement brownien qui les éparpille sans cesse, des élévations égales devront s'accompagner de raréfactions égales. Mais, s'il faut s'élever seulement de 1/20 de millimètre, c'est-à-dire 100 millions de fois moins que dans l'oxygène, pour que la richesse en grains devienne deux fois plus faible, on devra penser que le poids efficace de chaque grain est 100 millions de fois plus grand que celui de la molécule d'oxygène. *C'est ce poids du granule, encore mesurable, qui va faire l'intermédiaire, le relai indispensable, entre les masses qui sont à notre échelle et les masses moléculaires.*

**56**. — **Réalisation d'une émulsion convenable**. — J'ai fait sans résultat quelques essais sur les solutions colloïdales ordinairement étudiées (sulfure d'arsenic, hydroxyde ferrique, etc.). En revanche, j'ai pu utiliser les émulsions que donnent deux résines, la gomme-gutte et le mastic.

La *gomme-gutte* (qui provient de la dessiccation d'un latex végétal) frottée à la main dans l'eau (comme on ferait avec un morceau de savon) se dissout peu à peu en donnant une belle émulsion d'un jaune vif, où le microscope révèle un fourmillement de grains sphériques de diverses tailles. On peut aussi, au lieu d'employer ces grains naturels, traiter la gomme-gutte par l'alcool, qui dissout entièrement la matière jaune (4/5 en poids de la matière brute). Cette solution alcoolique, semblable d'aspect à une solution de bichromate, se change brusquement, si on l'étend de beaucoup d'eau, en émulsion jaune formée de sphérules qui semblent identiques aux sphérules naturels.

Cette précipitation par l'eau d'une solution alcoolique se produit pour toutes les résines, mais souvent les grains produits sont faits de pâte visqueuse, et se collent progressivement les uns aux autres. Sur dix autres résines essayées, le *mastic* seul m'a semblé utilisable. Cette résine (qui ne donne pas de grains naturels), traitée par l'alcool, donne une solution qui se transforme par addition d'eau en émulsion blanche comme du lait, où fourmillent des sphérules faits d'un verre incolore transparent.

**57. — La centrifugation fractionnée.** — Une fois l'émulsion obtenue, on la soumet à une centrifugation énergique (comme on fait pour séparer les globules rouges et le sérum du sang). Les sphérules se rassemblent en formant une boue épaisse au-dessus de laquelle est un liquide impur qu'on décante. On délaie cette boue dans de l'eau distillée, ce qui remet les grains en suspension, et l'on recommence jusqu'à ce que le liquide intergranulaire soit de l'eau pratiquement pure.

Mais l'émulsion ainsi purifiée contient des grains de tailles très diverses, et il faut préparer une émulsion *uniforme* (à grains égaux). Le procédé que j'ai employé peut se comparer à la distillation fractionnée. De même que, pendant une distillation, les parties d'abord évaporées sont plus riches en constituants volatils, de même pendant la centrifugation d'une émulsion pure (grains de même nature) les couches d'abord sédimentées sont plus riches en gros grains, et il y a là un moyen de séparer les grains selon leur taille. La technique est assez facile à imaginer pour qu'il n'y ait pas lieu d'insister. J'ai utilisé des vitesses de rotation de l'ordre de 2 500 tours par minute ce qui donne à 15 centimètres de l'axe une force centrifuge qui vaut 1000 fois environ la pesanteur. Il est à peine utile d'observer que, comme pour tous les genres de fractionnement, une bonne séparation est longue. J'ai traité dans mon fractionnement le plus soigné 1 kilogramme de gomme-gutte, pour obtenir après quelques mois une fraction contenant quelques décigrammes de grains dont le diamètre était sensiblement égal à celui que j'avais désiré obtenir.

**58. — Densité de la matière qui forme les grains. —** J'ai déterminé cette densité de *trois* façons différentes :

*a*) Par la méthode du flacon, comme pour une poudre insoluble ordinaire : on mesure les masses d'eau et d'émulsion qui emplissent un même flacon, puis, par dessiccation à l'étuve, la masse de résine suspendue dans l'émulsion. Cette dessiccation à 110° donne un liquide visqueux, qui ne perd plus de poids dans l'étuve et qui se solidifie à la température ordinaire en un verre transparent jaune.

*b*) En mesurant la densité de ce verre, probablement identique à celui qui forme les grains. On y arrive le plus aisément en en mettant quelques fragments dans de l'eau à laquelle on ajoute progressivement assez de bromure de potassium pour que ces fragments restent suspendus, sans s'élever ni s'abaisser dans la solution, dont il suffit alors de mesurer la densité.

*c*) En ajoutant du bromure de potassium à l'émulsion même jusqu'à ce qu'une centrifugation énergique ne fasse ni monter, ni descendre les grains, et en mesurant la densité du liquide ainsi obtenu.

Les trois procédés concordent, donnant par exemple pour un même lot de grains de gomme-gutte respectivement les trois nombres 1,1942 — 1,194 — et 1,195.

**59. — Volume des grains**. — Ici, plus encore que pour la densité, en raison de l'extrême petitesse des grains, on ne peut avoir confiance dans les résultats que s'ils sont obtenus de plusieurs façons différentes. J'ai employé trois procédés.

A) *Mesure directe du rayon à la chambre claire*. — La mesure sur les grains isolés comporterait de fortes erreurs (élargissement par diffraction des images de petits objets). Cette cause d'erreur est très diminuée si on peut mesurer la longueur d'une rangée de grains en nombre connu. Pour cela, je laissais évaporer sur le porte-objet du microscope une gouttelette d'émulsion *très* diluée non recouverte de couvre-objet. Quand l'évaporation est presque terminée, on voit, par suite d'actions capillaires, les grains

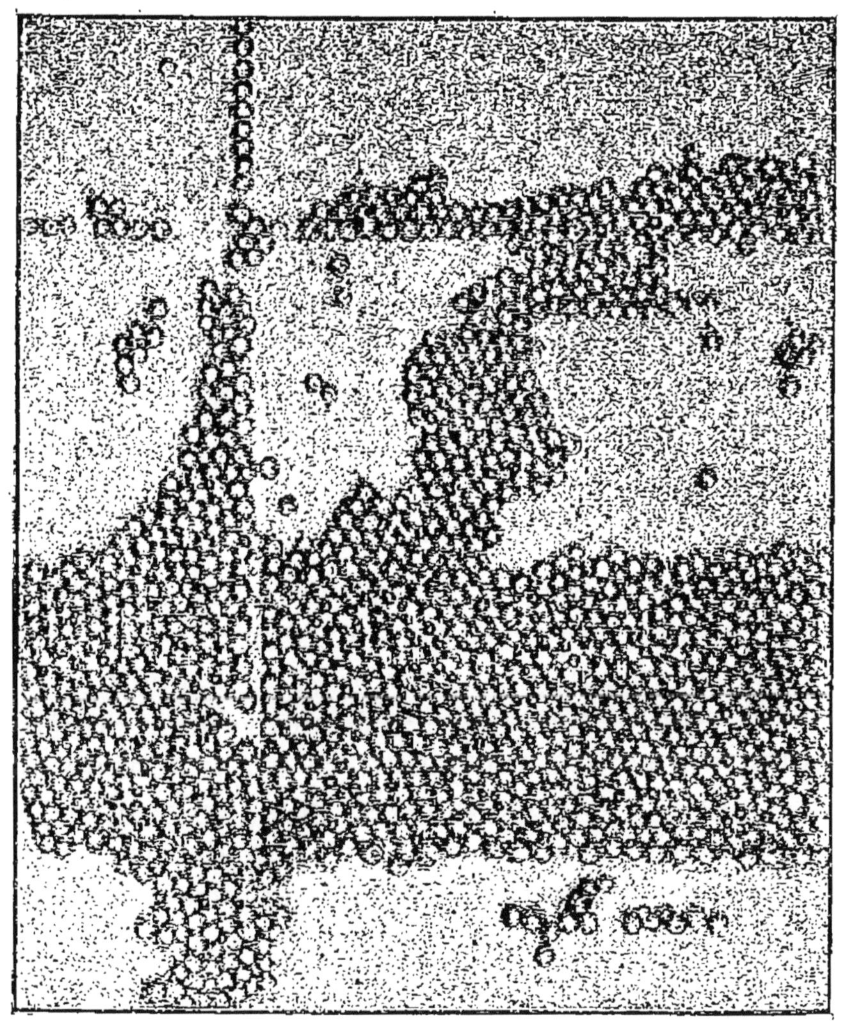

Fig. 4.

courir et se rassembler par endroits, sur une seule épaisseur, en rangées assez régulières, comme des boulets sont rangés dans une tranche horizontale d'une pile de boulets. On peut alors, ainsi qu'on s'en rend compte d'après la figure ci-contre, ou bien compter combien il y a de grains alignés dans une rangée de longueur mesurée, ou bien combien il y a de grains serrés les uns contre les autres dans une surface régulièrement couverte[1].

Du même coup, on a une vérification d'ensemble de l'uniformité des grains triés par centrifugation. Le procédé donne peut-être des nombres un peu trop forts (les rangées ne sont pas parfaites), mais il est tellement direct qu'il ne peut comporter de grosses erreurs.

B) *Pesée directe des grains.* — Au cours d'autres recherches, j'ai observé que, en milieu faiblement acide $\left(\dfrac{1}{100}\ \text{normal}\right)$ les grains se collent aux parois de verre sans s'agglutiner encore entre eux. A distance notable des parois, le mouvement brownien n'est pas modifié. Mais sitôt que les hasards de ce mouvement amènent un grain contre une paroi, ce grain s'immobilise et, après quelques heures, tous les grains d'une préparation microscopique d'épaisseur connue (distance du porte-objet au couvre-objet) sont fixés. On peut alors compter à loisir tous ceux qui se trouvent sur les bases d'un cylindre droit arbitraire (base dont la surface est mesurée à la chambre claire). On répète cette numération pour diverses régions de la préparation. Quand on a

---

1. Avec mon émulsion la meilleure, j'ai trouvé comme rayon, $0\,\mu,373$ de la première façon (par 50 rangées de 6 à 7 grains) et $0\,\mu,369$ de la seconde (par environ 2.000 grains couvrant $10^{-5}$ cmq.)

ainsi compté plusieurs milliers de grains, on connaît la richesse en grains de la gouttelette prélevée, aussitôt après agitation, dans une émulsion donnée. Si cette émulsion est titrée (dessiccation à l'étuve), on a par une simple proportion la masse ou le volume d'un grain.

C) *Application de la loi de Stokes*. — Supposons que l'on abandonne à elle-même, à température constante, une longue colonne verticale de l'émulsion uniforme étudiée. On sera tellement loin de la répartition d'équilibre que les grains des couches supérieures tomberont comme les gouttelettes d'un nuage sans qu'on ait pratiquement à se préoccuper du reflux dû à l'accumulation des grains dans les couches inférieures. Le liquide se clarifiera donc progressivement dans sa partie supérieure. C'est ce que l'on constate aisément sur l'émulsion contenue dans un tube capillaire vertical situé dans un thermostat. Le niveau du nuage qui tombe n'est jamais très net, car en raison des hasards de leur agitation, les grains ne peuvent tomber tous de la même hauteur ; pourtant, en pointant le « milieu » de la zone de passage, on peut évaluer à 1/50 près la valeur moyenne de cette hauteur de chute (ordre de grandeur : quelques millimètres par jour), et par suite la vitesse moyenne de cette chute.

D'autre part, Stokes a établi (et l'expérience a vérifié, dans le cas des sphères à diamètre directement mesurable, de 1 millimètre par exemple) que la force de frottement qui s'oppose dans un fluide de viscosité $\zeta$, au mouvement d'une sphère de rayon $a$ qui possède la vitesse $v$, est $6\pi\zeta av$. Par suite, quand la sphère tombe d'un mouvement *uniforme* sous la seule action de son poids efficace, on a :

$$6\,\pi\zeta av = \frac{4}{3}\,\pi a^3\,(D - d)g.$$

Si on applique cette équation à la vitesse de chute du nuage que forment les grains d'une émulsion, on a encore un moyen d'obtenir le rayon de ces grains (avec une précision double de celle qu'on a pour la vitesse de chute).

Les trois méthodes concordent, comme le montre le tableau suivant, où les nombres d'une même ligne désignent, en microns, les valeurs qu'indiquent ces méthodes pour les grains d'une même émulsion.

| | ALIGNEMENTS | PESÉE | VITESSE DE CHUTE |
|---|---|---|---|
| I . . . . . . . | 0,50 | | 0,49 |
| II . . . . . . | 0,46 | 0,46 | 0,45 |
| III . . . . . | **0,371** | **0,3667** | **0,3675** |
| IV . . . . . . | | 0,212 | 0,213 |
| V . . . . . . | | 0,14 | 0,15 |

Ainsi l'accord se vérifie jusqu'au seuil des grandeurs ultramicroscopiques. Les mesures portant sur les émulsions III et IV, particulièrement soignées, ne donnent pas d'écart qui atteigne 1 p. 100. Chacun des rayons 0,3667 et 0,212 a été obtenu par le dénombrement d'environ 10.000 grains.

**60. — Extension de la loi de Stokes.** — Incidemment, ces expériences lèvent les doutes qu'on avait justement exprimés (J. Duclaux) sur l'extension de la loi de Stokes à la vitesse de chute d'un nuage. La loi de Stokes fait intervenir la vitesse vraie d'une sphère par rapport au fluide, et ici on l'applique à une vitesse *moyenne* sans rapport avec les vitesses vraies des grains qui sont incomparablement plus grandes et qui varient sans cesse.

On ne peut cependant plus douter, d'après les concordances précédentes, que, malgré le mouvement brownien, cette extension soit légitime. Mais ces expériences ne valent que pour les *liquides*[1]. Dans les gaz, comme j'aurai à le dire plus loin, la loi de Stokes cesse de s'appliquer, non pas à cause de l'agitation des granules, mais parce que ces granules deviennent comparables au libre parcours moyen des molécules du fluide.

**61. — Mise en observation d'une émulsion.** — Ce n'est pas sur une hauteur de quelques centimètres ou même de quelques millimètres, mais sur des hauteurs inférieures au dixième de millimètre que l'on peut étudier utilement les émulsions que j'ai employées. J'ai donc fait cette étude au microscope. Une gouttelette d'émulsion est déposée dans une cuve plate (par exemple une cellule Zeiss, profonde de $1/10^e$ de millimètre, pour numé-

---

1. Et encore faut-il (Smoluchowski) que le nuage s'étendant jusqu'aux parois latérales du tube de chute (ce qui est pour nous réalisé en tube capillaire) ne puisse descendre d'un bloc (avec reflux du liquide par les côtés) comme fait ce nuage dans l'atmosphère.

ration de globules du sang) puis aplatie par un couvre-objet qui ferme la cuve (couvre-objet dont les bords sont noyés dans de la paraffine pour éviter l'évaporation.

On peut, comme l'indique la figure, placer la

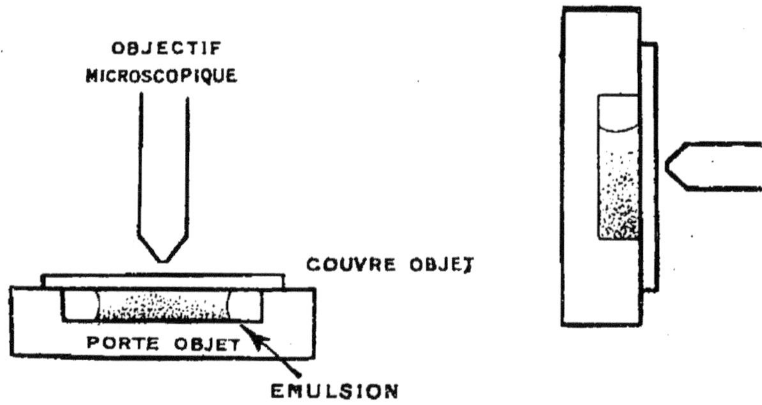


Fig. 5.

préparation verticalement, le corps du microscope étant horizontal : on peut avoir alors d'un seul coup une vue d'ensemble sur la répartition en hauteur de l'émulsion. J'ai fait ainsi quelques observations, mais jusqu'ici aucune mesure.

On peut aussi, comme on voit également sur la figure, placer la préparation horizontalement, le corps du microscope étant vertical. L'objectif employé, de très fort grossissement, a une faible profondeur de champ et l'on ne voit nettement, à un même instant, que les grains d'une tranche horizontale très mince dont l'épaisseur est de l'ordre du micron. Si l'on élève ou abaisse le microscope on voit les grains d'une autre tranche.

De l'une ou de l'autre manière, on constate que

la répartition des grains, à peu près uniforme après l'agitation qui accompagne forcément la mise en place, cesse rapidement de l'être, que les couches inférieures deviennent plus riches en grains que les couches supérieures, mais que cet enrichissement se ralentit sans cesse, et que l'aspect de l'émulsion finit par ne plus changer. Il se réalise donc bien un état de régime permanent dans lequel la concentration décroît avec la hauteur. On a une idée de cette décroissance par la figure ci-contre, obtenue en plaçant l'un au-dessus de l'autre les dessins qui reproduisent la distribution des grains, à un instant donné, en cinq niveaux équidistants dans une certaine émulsion. L'analogie avec la figure 3, qui représentait la répartition des molécules d'un gaz, est évidente.

Reste à faire des mesures précises. Nous avons déjà le rayon $a$ du grain et sa densité apparente $(D-d)$, différence entre celle D du grain, et celle $d$ aisément connue de l'eau ou du liquide intergranulaire. La distance verticale H des deux tranches successi-

Fig. 6.

vement mises au point s'obtiendra en multipliant le déplacement vertical H' du microscope [1] par l'indice de réfraction des milieux que sépare le couvre-objet [2]. Mais il nous faut encore déterminer le rapport $\dfrac{n_0}{n}$ des richesses en grains de l'émulsion à deux niveaux différents.

**62. — Dénombrement des grains.** — Ce rapport $\dfrac{n_0}{n}$ est évidemment égal au rapport moyen des nombres de grains qu'on voit au microscope, aux deux niveaux étudiés. Mais, au premier abord, ce dénombrement semble difficile : il ne s'agit pas d'objets fixes, et quand on aperçoit quelques centaines de grains qui s'agitent en tous sens, disparaissant d'ailleurs sans cesse en même temps qu'il en apparaît de nouveaux, on n'arrive pas à évaluer leur nombre, même grossièrement.

Le plus simple est certainement, quand on le peut, de faire des photographies instantanées de la tranche étudiée, puis de relever à loisir sur les clichés le nombre des images nettes de grains. Mais, en raison du grossissement nécessaire et du faible temps de pose, il faut beaucoup de lumière, et, pour les grains de diamètre inférieur au demi-micron je n'ai jamais pu avoir de bonnes images.

Dans ce cas, je réduisais le champ visuel en plaçant dans le plan focal de l'oculaire un diaphragme formé par une rondelle opaque de clin-

---

1. Lu directement sur le tambour gradué de la vis micrométrique du microscope Zeiss employé.

2. Le plus souvent j'observais des émulsions dans l'eau, avec un objectif à immersion à eau. En ce cas, H est simplement égal à H'.

quant percée par une aiguille d'un très petit trou rond. Le champ alors perçu devient très restreint, et l'œil peut saisir d'un coup le nombre exact des grains qu'il voit à un instant donné. Il suffit pour cela que ce nombre reste inférieur à 5 ou 6. Plaçant alors un obturateur sur le trajet des rayons qui éclairent la préparation, on démasquera ces rayons à intervalles réguliers, notant successivement les nombres de grains aperçus qui seront par exemple :

$$3, \quad 2, \quad 0, \quad 3, \quad 2, \quad 2, \quad 5, \quad 3, \quad 1, \quad 2, \quad \ldots$$

Recommençant à un autre niveau, on notera de même une suite de nombres tels que :

$$2, \quad 1, \quad 0, \quad 0, \quad 1, \quad 1, \quad 3, \quad 1, \quad 0, \quad 0, \quad \ldots$$

On comprend, en raison de l'irrégularité du mouvement brownien, que, par exemple 200 lectures de ce genre remplacent une photographie instantanée qui embrasserait un champ 200 fois plus étendu [1].

**63. — Équilibre statistique d'une colonne d'émulsion.** — Il est dès lors facile de vérifier avec précision que la répartition des grains finit par atteindre un régime permanent. Il suffit de prendre, d'heure en heure le rapport $n_0/n$ des concentrations en deux niveaux déterminés. Ce rapport, d'abord

---

1. Dans l'une ou l'autre méthode, il y a incertitude pour quelques grains, qui ne sont plus *au point* et qui se laissent pourtant deviner. Mais cette incertitude modifie dans le même rapport $n_0$ et $n$. Par exemple, deux observateurs différents, déterminant $\dfrac{n_0}{n}$ par pointés en champ visuel réduit, ont trouvé les valeurs 10 04 et 10,16.

voisin de 1, grandit et tend vers une limite. Pour une hauteur de 1/10 de millimètre, et quand le liquide intergranulaire était de l'eau, la répartition limite était pratiquement atteinte après une heure (j'ai en particulier trouvé rigoureusement les mêmes rapports $n_0/n$ après 3 heures et après 15 jours).

La répartition limite *est une répartition d'équilibre réversible*, car si on la dépasse, le système y revient de lui-même. Un moyen de la dépasser (de faire accumuler trop de grains dans les couches inférieures) est de refroidir l'émulsion, ce qui provoque un enrichissement des couches inférieures (j'insisterai tout à l'heure sur ce phénomène), puis de lui rendre sa température primitive : la distribution redevient alors ce qu'elle était.

**64. — Loi de décroissance de la concentration.** — J'ai cherché si cette distribution, comme celle d'une atmosphère pesante, est bien telle que des élévations égales entraînent des raréfactions égales, en sorte que la concentration décroisse en progression géométrique.

Une série très soignée a été faite avec des grains de gomme-gutte ayant pour rayon $0^\mu,212$ (méthode du champ visuel réduit). Des lectures croisées ont été faites dans une cuve profonde de $100\mu$, en quatre plans horizontaux équidistants traversant la cuve aux niveaux

$$5^\mu, \quad 35^\mu, \quad 65^\mu, \quad 95^\mu.$$

Ces lectures ont donné pour ces niveaux, par

numération de 13 000 grains, des concentrations proportionnelles aux nombres

$$100, \quad 47, \quad 22{,}6, \quad 12,$$

sensiblement égaux aux nombres :

$$100, \quad 48, \quad 23, \quad 11{,}1,$$

qui sont en progression géométrique.

Une autre série a été faite sur des grains de mastic plus gros ($0^{\mu}{,}52$ de rayon). Les photographies de 4 coupes équidistantes faites à 6 microns l'une au-dessus de l'autre ont montré respectivement

$$1880, \quad 940, \quad 530 \quad \text{et} \quad 305,$$

images de grains, nombres peu différents de

$$1880, \quad 995, \quad 528 \quad \text{et} \quad 280,$$

qui décroissent en progression géométrique.

Dans ce dernier cas, la concentration à une hauteur de $96\mu$ serait 60 000 fois plus faible qu'au fond. Aussi, en régime permanent, on n'aperçoit presque jamais de grains dans les couches supérieures de telles préparations.

D'autres séries encore pourraient être citées. Bref, la loi de raréfaction prévue se vérifie avec certitude. Mais conduit-elle, pour les grandeurs moléculaires, aux nombres que nous attendons ?


**65.** — **Épreuve décisive.** — Considérons, par exemple, des grains tels qu'une élévation de 6 microns suffise pour que la concentration devienne 2 fois plus faible. Pour obtenir la même raréfaction dans de l'air, nous avons vu qu'il faudrait faire un bond de 6 kilomètres, un milliard de fois plus grand. Si notre théorie est bonne, le poids d'une molécule d'air serait donc le milliardième du poids que pèse, dans l'eau, un de nos grains. Le poids de l'atome d'hydrogène s'obtiendra de même et tout l'intérêt de la question est maintenant de savoir si nous allons ainsi retrouver les nombres auxquels avait conduit la théorie cinétique [1].

Aussi j'ai ressenti une vive émotion quand, dès le premier essai, j'ai en effet retrouvé ces nombres que la théorie cinétique avait obtenus par une voie si profondément différente. J'ai d'ailleurs varié beaucoup les conditions de l'expérience. C'est ainsi que le volume de mes grains a pris diverses valeurs échelonnées entre des limites qui sont entre elles comme 1 et 50. J'ai aussi changé la nature de ces grains, opérant sur le mastic (avec l'aide de M. Dabrowski) comme sur la gomme-gutte. J'ai changé le liquide inter-granulaire (opérant avec l'aide de M. Niels Bjerrum) en étudiant des grains de gomme-gutte dans de la glycérine à 12 p. 100 d'eau, 125 fois plus visqueuse que l'eau [2]. J'ai changé la

---

1. Les calculs sont facilités si on applique l'équation de répartition donnée en note au numéro 56.

2. Le mouvement brownien, très ralenti, restait cependant perceptible : quelques jours devenaient nécessaires pour atteindre la répartition de régime permanent. J'aurais voulu étudier la répartition en milieu plus visqueux encore, mais, lorsque j'ajoutais moins de 5 p. 100 d'eau à ma glycérine (très faiblement acide) les grains se collaient à la paroi et aucune répartition de régime permanent n'était donc plus observable. J'ai plus tard tiré parti de cette circonstance même, pour étendre à ces émulsions visqueuses les lois des gaz (n° 79).

densité apparente des grains, qui, dans l'eau a varié du simple au quintuple, et qui est devenue *négative* dans la glycérine (en ce cas l'action de la pesanteur changée de signe accumulait les grains dans les couches *supérieures* de l'émulsion). Enfin M. Bruhat, sous ma direction, a étudié l'influence de la température, observant successivement les grains dans de l'eau *surfondue* (— 9°) puis dans de l'eau chaude (60°) ; la viscosité était alors 2 fois plus faible que dans l'eau à 20°, en sorte qu'en définitive la viscosité a varié dans le rapport de 1 à 250.

Malgré tous ces changements, la valeur trouvée pour le nombre N d'Avogadro est restée sensiblement constante, oscillant irrégulièrement entre $65.10^{22}$ et $72.10^{22}$. Même si l'on n'avait aucun autre renseignement sur les grandeurs moléculaires, *cette constance justifierait les hypothèses si intuitives qui nous ont guidés*, et l'on accepterait sans doute comme bien vraisemblables les valeurs qu'elle assigne aux masses des molécules et des atomes.

Mais, de plus, le nombre trouvé concorde avec celui ($60.10^{22}$) qu'avait donné la théorie cinétique pour rendre compte de la viscosité des gaz. *Cette concordance décisive ne peut laisser aucun doute sur l'origine du mouvement brownien.* Pour comprendre à quel point elle est frappante, il faut songer qu'avant l'expérience on n'eût certainement pas osé affirmer que la chute de concentration ne serait pas négligeable sur la faible hauteur de quelques microns, ce qui eût donné pour N une valeur infiniment petite, et que, par contre, on n'eût pas osé affirmer davantage que tous les grains ne finiraient pas par se rassembler dans le voisinage immédiat du fond, ce qui eût indiqué pour N une valeur infiniment grande. Personne ne pensera que, dans l'immense intervalle *a priori* possible, on ait pu obtenir par hasard des nombres si voisins du nombre prévu, cela pour chaque émulsion, dans les conditions d'expérience les plus variées.

*Il devient donc difficile de nier la réalité objective des molécules.* En même temps, le mouvement moléculaire nous est rendu visible. Le mouvement brownien en est l'image fidèle, ou mieux, il est déjà un mouvement moléculaire, au même titre que l'infrarouge est déjà de la lumière. Au point de vue de l'agitation, il n'y a aucun abîme entre les molécules d'azote qui peuvent être dissoutes dans l'eau et les molécules visibles que réalisent les grains d'une émulsion [1], pour lesquels la molécule-gramme devient de l'ordre de 100 000 tonnes.

Ainsi, comme nous l'avions pensé, une émulsion est bien une atmosphère pesante en miniature, ou plutôt, c'est une atmosphère à molécules colossales, déjà visibles, où la raréfaction est colossalement rapide, mais encore perceptible. A ce point de vue, la hauteur des Alpes est représentée par quelques microns, mais les molécules individuelles sont aussi hautes que des collines.

---

1. Bien entendu, ces grains ne sont pas des molécules *chimiques* où tous les liens seraient de la nature de ceux qui relient dans le méthane l'atome de carbone à ceux d'hydrogène.

**66.** — **L'influence de la température**. — Je tiens à discuter spécialement la façon dont les variations de température influent sur la répartition d'équilibre, façon qui prouve, en somme, que la loi de Gay-Lussac s'étend aux émulsions. Nous avons vu que l'équilibre d'une colonne d'émulsion, comme celui d'une colonne gazeuse, résulte de l'antagonisme entre la pesanteur (qui sollicite tous les grains dans le même sens) et l'agitation moléculaire (qui les éparpille sans cesse). Plus cette agitation sera faible, c'est-à-dire plus la température sera basse, et plus l'affaissement de la colonne sous son propre poids sera marqué.

L'*affaissement*, quand la température s'abaisse, ou l'*expansion*, quand elle s'élève, peuvent se vérifier avec précision, même sans beaucoup faire varier la température. Cela parce que cette vérification n'exige pas la détermination exacte, toujours difficile, du rayon des grains de l'émulsion. Soient $T$ et $T_1$ les températures (absolues) pour lesquelles on opère. D'après la loi de raréfaction (note du n° 56) les élévations $H$ et $H_1$ qui dans les deux cas correspondront à la même raréfaction devront être telles que l'on ait

$$\frac{H}{T}\left(1 - \frac{d}{D}\right) = \frac{H_1}{T_1}\left(1 - \frac{d_1}{D_1}\right).$$

(On voit que si les densités ne changeaient pas, les élévations équivalentes seraient dans le rapport inverse des températures).

M. Bruhat, qui travaillait dans mon laboratoire, a bien voulu, sur ma demande, se charger de réaliser le montage nécessaire à la vérification et s'en est très habilement acquitté.

La gouttelette d'émulsion est placée sur la face supérieure d'une cuve transparente mince dans laquelle un courant liquide (eau chaude, ou alcool refroidi) maintient une température fixe $t^o$ (mesurée par une pince thermo-électrique). D'autre part, le couvre-objet forme le fond d'une boîte pleine de liquide (eau chaude, ou solution incongelable de même indice que l'huile de cèdre) où plonge l'objectif à immersion employé (objectif à eau, ou objectif à huile de cèdre). On amène ce liquide à la température $t^o$ (vérifiée par une deuxième pince thermo-électrique) grâce à un tube de cuivre qui le traverse, et où passe une dérivation du courant liquide régulateur. La préparation, ainsi emprisonnée, prend forcément la température $t^o$.

Les numérations faites dans ces conditions ont vérifié, au centième près, les prévisions précédentes. On voit avec quelle exactitude les lois des gaz s'étendent aux émulsions diluées.

**67. — Détermination précise des grandeurs moléculaires.** — Nous avons dit que la théorie des gaz, appliquée à leur viscosité, donnait les grandeurs moléculaires avec une approximation de 30 p. 100 peut-être. Les perfectionnements des mesures relatives aux gaz ne diminuent pas cette incertitude, qui tient aux hypothèses simplificatrices introduites dans les raisonnements. Il n'en est plus de même dans le cas des émulsions, où les résultats ont exactement la précision des expériences. Par leur étude, nous savons vraiment *peser les atomes*, et non pas seulement estimer assez grossièrement leur poids.

Une série déjà soignée (rayon 0$^\mu$,212, et 13000 grains comptés à différents niveaux) m'avait donné pour N la valeur 70,5 . 10$^{22}$. Mais l'uniformité des grains ne m'a pas semblé suffisante. J'ai donc recommencé les opérations, et une série plus précise (centrifugation prolongée, rayon 0$^\mu$,367 déterminé à 1 pour 100 près, et dénombrement de 17000 grains à diverses hauteurs) m'a donné pour le nombre d'Avogadro la valeur probablement meilleure

$$68{,}2 . 10^{22}$$

d'où résulte pour la masse de l'atome d'hydrogène, en grammes,

$$h = \frac{1{,}47}{1\,000\,000\,000\,000\,000\,000\,000\,000} \quad (= 1{,}47.10^{-24}).$$

Les autres grandeurs moléculaires s'ensuivent aussitôt. Par exemple, l'énergie moléculaire de translation, égale à $\frac{3}{2}\frac{R}{N}$ T est sensiblement à la température de la glace fondante

$$0{,}5 . 10^{-13}.$$

L'atome d'électricité sera (en unités C. G. S. électrostatiques)

$$4{,}25 . 10^{-10}.$$

Quant aux *dimensions* des molécules, ou, plus exactement, quant aux diamètres de leurs sphères de choc, nous pourrons, maintenant que nous connaissons N, les tirer de l'équation *(48)* de Clausius

$$\pi N D^2 = \frac{v}{L \sqrt{2}}$$

après calcul de ce qu'est le libre parcours moyen L, quand la molécule-gramme du corps considéré occupe, dans l'état gazeux, le volume $v$.

Par exemple, à $370°$ ($643°$ absolus), le libre parcours moyen de la molécule de mercure, sous la pression atmosphérique $\left(v \text{ égal à } 22\,400 \frac{643}{273}\right)$ se déduit de la viscosité $6.10^{-4}$ du gaz par l'équation de Maxwell *(47)* qui donne pour L la valeur $2,1.10^{-5}$. Cela donne pour le diamètre cherché, sensiblement, $2,9.10^{-8}$ (ou $0,29$ micromicrons).

C'est ainsi que j'ai calculé les quelques diamètres suivants (en centimètres) :

| | |
|---|---|
| Hélium. | $1,7.10^{-8}$ |
| Argon | $2,8.10^{-8}$ |
| Mercure | $2,9.10^{-8}$ |
| . . . . . | . . . . . |
| Hydrogène. | $2,1.10^{-8}$ |
| Oxygène. | $2,7.10^{-8}$ |
| Azote | $2,8.10^{-8}$ |
| Chlore. | $4,1.10^{-8}$ |

Ces déterminations (surtout pour les molécules polyatomiques), et d'après la définition même des sphères de protection, ne comportent pas la précision possible pour les masses.

# CHAPITRE IV

## LES LOIS DU MOUVEMENT BROWNIEN

### Théorie d'Einstein.

**68**. — **Le déplacement en un temps donné**. — C'est grâce au mouvement brownien que s'établit la répartition d'équilibre d'une émulsion, d'autant plus rapidement que ce mouvement est plus actif. Mais cette plus ou moins grande activité n'influe en rien sur la distribution finale, toujours la même pour les grains de même taille et de même densité apparente. Aussi avons-nous pu nous borner jusqu'ici à étudier l'état de régime permanent, sans nous inquiéter du mécanisme par lequel il se réalise.

L'analyse détaillée de ce mécanisme a été faite par M. Einstein, en d'admirables travaux théoriques[1]. D'autre part, et bien que la publication en soit postérieure, il est certainement juste de citer, en raison de la différence des rai-

---

[1]. *Ann. de Phys.*, t. XVII, 1905, p. 549 et t. XIX, 1906, p. 371. On trouvera la théorie d'Einstein complètement exposée dans mon Mémoire sur *Les preuves de la réalité moléculaire* (Congrès de Bruxelles sur *La théorie du rayonnement et les quanta*, Gauthier-Villars, 1912).

sonnements, l'analyse seulement approchée, mais très suggestive, que M. Smoluchowski a donnée dans le même but[1].

Einstein et Smoluchowski ont caractérisé de la même façon l'activité du mouvement brownien. Jusqu'alors on s'était efforcé de définir une « vitesse moyenne d'agitation » en suivant aussi exactement que possible le trajet d'un grain. Les évaluations ainsi obtenues étaient toujours de quelques microns par seconde pour des grains de l'ordre du micron[2].

Mais de telles évaluations sont *grossièrement fausses*. Les enchevêtrements de la trajectoire sont si nombreux et si rapides, qu'il est impossible de les suivre et que la trajectoire notée est infiniment plus simple et plus courte que la trajectoire réelle. De même, la vitesse moyenne apparente d'un grain pendant un temps donné varie *follement* en grandeur et en direction sans tendre vers une limite quand le temps de l'observation décroît, comme on le voit de façon simple, en notant les positions d'un grain à la chambre claire de minute en minute, puis, par exemple, de 5 en 5 secondes, et mieux encore en les photographiant de vingtième en vingtième de seconde, comme ont fait MM. Victor Henri, Comandon ou de Broglie, pour cinématographier le mouvement. On ne peut non plus fixer une tangente, même de façon approchée, à aucun point de la trajectoire, et c'est un cas où il est vraiment

---

1. *Bulletin de l'Acad. des Sc. de Cracovie*, juillet 1896, p. 577.

2. Ce qui, incidemment, assignerait aux grains une énergie cinétique 100 000 fois trop faible.

naturel de penser à ces fonctions continues[1] sans dérivées que les mathématiciens ont imaginées, et que l'on regarderait à tort comme de simples curiosités mathématiques, puisque la nature les suggère aussi bien que les fonctions à dérivée.

Laissant donc de côté la vitesse vraie, qui n'est pas mesurable, et sans s'embarrasser du trajet infiniment enchevêtré que décrit un grain pendant un temps donné, Einstein et Smoluchowski ont choisi comme grandeur caractéristique de l'agitation le segment rectiligne qui joint le point de départ au point d'arrivée et qui, en moyenne, est évidemment d'autant plus grand que l'agitation est plus vive. Ce segment sera le *déplacement* du grain pendant le temps considéré. La projection sur un plan horizontal, directement perçue au microscope dans les conditions ordinaires de l'observation (microscope vertical) sera le *déplacement horizontal*.

**69. — L'activité du mouvement brownien.** — En accord avec l'impression que suggère l'observation qualitative, nous regarderons le mouvement brownien comme *parfaitement irrégulier* à angle droit de la verticale[2]. C'est à peine une hypothèse, et au surplus nous en vérifierons toutes les conséquences.

---

1. *Continues* parce que nous ne pouvons imaginer que le granule passe d'une position à une autre sans couper un plan quelconque de part et d'autre duquel se trouvent ces deux positions.

2. Il ne l'est pas dans la direction de la verticale, à cause de la pesanteur du grain.

Ceci admis, et absolument sans autre hypothèse, on peut prouver que le déplacement moyen d'un grain devient seulement double quand la durée du déplacement devient quadruple, seulement décuple quand cette durée devient centuple, et ainsi de suite. De façon plus précise, on prouve que le carré moyen $e^2$ du déplacement horizontal pendant une durée $t$ grandit seulement de façon proportionnelle à cette durée.

Il en est de même par suite pour la moitié de ce carré, c'est-à-dire pour le carré moyen $X^2$ de la projection du déplacement horizontal sur un axe horizontal arbitraire[1]. En d'autres termes, pour un grain donné (dans un fluide donné) le quotient $\dfrac{X^2}{t}$ est constant. Évidemment d'autant plus grand que le grain s'agite davantage, ce quotient, caractérise pour ce grain *l'activité du mouvement brownien*.

Il faut cependant prendre garde que ce résultat cesse d'être exact si ces durées deviennent tellement faibles que le mouvement du grain n'est plus parfaitement irrégulier. Et cela arrive forcément, sans quoi la vitesse *vraie* serait infinie. Le *temps minimum d'irrégularité* est probablement du même ordre que le temps qui serait nécessaire à un granule lancé dans le liquide avec une vitesse égale à sa vitesse moyenne *vraie* d'agitation, pour que le frottement par viscosité réduise sensiblement à zéro

---

1. En projetant chaque déplacement sur deux axes horizontaux perpendiculaires l'un à l'autre, appliquant le théorème sur le carré de l'hypoténuse, et prenant la moyenne, on voit immédiatement que $e^2$ est égal à $2 X^2$.

son élan primitif (en même temps que, au surplus, les chocs moléculaires le lancent dans une autre direction). On trouve ainsi, pour un sphérule de 1 micron, dans l'eau, que le temps minimum d'irrégularité est de l'ordre du cent millième de seconde. Il deviendrait seulement 100 fois plus grand, soit de 1 millième de seconde, pour un sphérule de 1 millimètre et 100 fois plus petit pour un liquide 100 fois plus visqueux. Cela nous laisse bien au-dessous des durées jusqu'ici accessibles à l'observation du mouvement.

**70. — Diffusion des émulsions.** — On conçoit que si de l'eau pure est en contact avec une émulsion aqueuse de granules égaux, il se produira, grâce au mouvement brownien, une *diffusion* des grains dans l'eau par un mécanisme tout analogue à celui qui produit la diffusion proprement dite des matières en dissolution. De plus, il est évident que cette diffusion sera d'autant plus rapide que le mouvement brownien des grains sera plus actif. Le calcul précis, fait par Einstein, toujours en supposant *seulement* que le mouvement brownien est parfaitement irrégulier, montre qu'en effet une émulsion diffuse comme une solution[1] et que le coefficient D de

---

1. Considérons un cylindre parallèle à Ox, ayant l'unité de surface pour section droite, et plein de solution. Supposons que la concentration a une même valeur pour tous les points d'une même tranche (comme il arrivera si l'on a superposé avec précaution de l'eau pure et de l'eau sucrée). Le débit I au travers d'une tranche sera, à chaque instant, la masse de matière dissoute qui la traverse en une seconde, des régions riches vers les régions pauvres. La loi fondamentale de la diffusion consiste en ceci que ce débit est d'au-

diffusion se trouve simplement égal à la moitié du nombre qui mesure l'activité de l'agitation

$$D = \frac{1}{2} \frac{X^2}{t}.$$

D'autre part, nous sommes familiers avec l'idée que, dans une colonne verticale d'émul-

tant plus grand que la chute de concentration près de la tranche est plus brusque

$$I = D \frac{c - c'}{x' - x}.$$

Le coefficient D, qui dépend de la matière dissoute, est le coefficient de diffusion. Par exemple, dans le cas du sucre, dire que D est égal à $\frac{0,33}{86\,400}$ exprime que, pour une chute de concentration maintenue égale à 1 gramme par centimètre, il passe au travers de la section droite considérée, en un jour, 0,33 gramme de sucre, soit 86 400 fois moins, par seconde.

Ceci rappelé, à défaut du raisonnement tout à fait rigoureux, je peux au moins indiquer un raisonnement approché (également d'Einstein) qui conduit à la formule en question :

Soient dans un cylindre horizontal $n'$ et $n''$ les concentrations des grains en deux sections S' et S'' séparées par la distance X. La chute de concentration pour la section médiane S sera $\frac{n' - n''}{X}$ et cette section S se laissera traverser vers S'', pendant le temps $t$, par le nombre de grains $D \frac{n' - n''}{X} t$. D'autre part, en admettant que les résultats seraient les mêmes si chaque grain subissait pendant le temps $t$, soit vers la droite, soit vers la gauche, le déplacement X, on trouve que $\frac{1}{2} n'X$ traversent S vers S'' et $\frac{1}{2} n''X$ vers S', ce qui fait vers S'' le flux total

$$\frac{1}{2} (n' - n'')X$$

d'où résulte

$$\frac{1}{2} (n' - n'') X = D \frac{n' - n''}{X} t$$

ou bien

$$X^2 = 2Dt$$

qui est précisément l'équation d'Einstein.

sion, la répartition de régime permanent se maintient par équilibre entre deux actions antagonistes, la pesanteur, qui tire sans cesse les grains vers le bas, et le mouvement brownien qui les éparpille sans cesse. On exprimera cette idée de façon précise en écrivant que, pour chaque tranche le débit par diffusion vers les régions pauvres équilibre l'afflux dû à la pesanteur vers les régions riches.

Dans le cas spécial où les grains sont des sphères de rayon $a$, auxquelles on peut essayer d'appliquer la loi de Stokes (59) que au surplus j'ai en effet vérifiée pour des sphérules microscopiques (60), en admettant de plus que, à concentration égale, grains ou molécules produisent la même pression osmotique, on trouve ainsi que

$$D = \frac{RT}{N} \, \frac{1}{6\,\pi a \zeta}$$

où $\zeta$ est la viscosité du liquide, T sa température absolue, N le nombre d'Avogadro. Puisque le coefficient de diffusion est la moitié de l'activité du mouvement brownien, nous pouvons donner à cette équation la forme équivalente

$$\frac{X^2}{t} = \frac{RT}{N} \, \frac{1}{3\pi a \zeta}$$

où nous pourrions encore (35) remplacer $\dfrac{RT}{N}$ par les 2/3 de l'énergie moléculaire moyenne $w$.

*Ainsi l'activité de l'agitation (ou la rapidité de la diffusion) doit être proportionnelle à l'énergie moléculaire (ou à la température absolue), et inversement proportionnelle à la viscosité du liquide et à la dimension des grains.*

**71.** — **Mouvement brownien de rotation.** — Jusqu'ici nous n'avons pensé qu'aux changements de position des grains, à leur mouvement brownien de *translation*. Or nous savons qu'un grain tournoie irrégulièrement en même temps qu'il se déplace. Einstein a réussi à établir, pour ce mouvement brownien de *rotation*, une équation comparable à la précédente, dans le cas de sphérules de rayon $a$. Si $A^2$ désigne le carré moyen en un temps $t$ de la composante de l'angle de rotation autour d'un axe [1], le quotient $\dfrac{A^2}{t}$, fixe pour un même grain, caractérisera l'*activité* du mouvement brownien de rotation, et devra vérifier l'équation

$$\frac{A^2}{t} = \frac{RT}{N} \frac{1}{4\,\pi a^3 \zeta}$$

en sorte que l'activité de l'agitation de rotation est, comme pour la translation, proportionnelle à la température absolue, et inversement proportionnelle à la viscosité. Mais elle varie en raison inverse du volume et non plus en raison inverse de la dimension. Un sphérule de diamètre 10 aura une agitation de translation 10 fois plus faible, mais une agitation de rotation 1000 fois plus faible qu'un sphérule de diamètre 1.

Sans pouvoir indiquer ici la façon dont s'éta-

1. On devra, pour que cette décomposition en trois rotations soit légitime, se limiter à des rotations ne dépassant pas quelques degrés.

blit cette équation, disons qu'elle implique pour un même granule, *l'égalité entre l'énergie moyenne de translation et l'énergie moyenne de rotation*, égalité prévue par Boltzmann (42) et que nous vérifierons si nous réussissons à vérifier l'équation d'Einstein.

## Contrôle expérimental.

Telle est dans ses grandes lignes la belle théorie qu'on doit à Einstein. Elle se prête à un contrôle expérimental précis, *dès qu'on sait préparer des sphérules de rayon mesurable.* Je me suis donc trouvé en état de tenter ce contrôle, lorsque, grâce à M. Langevin, j'ai eu connaissance de la théorie. Comme on va voir, les expériences que j'ai faites ou dirigées en démontrent la complète exactitude.

**72. — Complication de la trajectoire d'un granule.** — Au seul aspect, nous avons admis, et c'est le fondement de la théorie d'Einstein, que le mouvement brownien (à angle droit de la pesanteur) est parfaitement irrégulier. Si probable que cela soit, il est utile de s'en assurer avec rigueur.

On mesurera au préalable, pour y arriver, les déplacements (horizontaux) successifs d'un même grain. Pour cela, il suffit de noter à la chambre claire (grossissement connu) les positions d'un même grain à intervalles de temps égaux. On a réuni sur la figure ci-jointe, à un grossissement tel que 16 divisions représentant 50 microns, trois dessins obtenus en traçant les projections horizon-

tales des segments qui joignent les positions consécutives d'un même grain de mastic (de rayon
égal à 0$^{\mu}$,53) pointé de 30 en 30 secondes. On voit
sur la même figure qu'on a sans difficulté la pro-

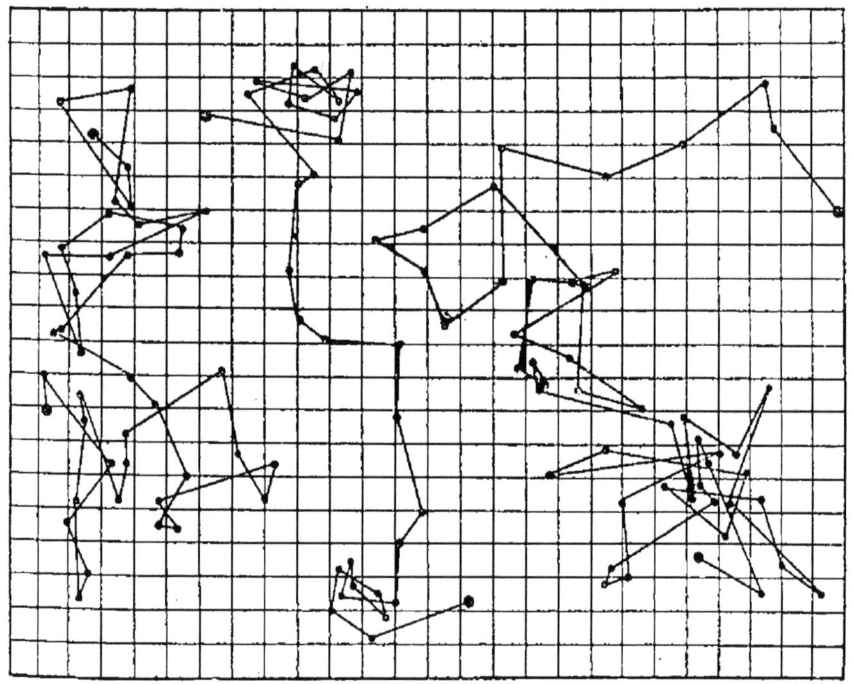

Fig. 7.

jection de chacun de ces segments sur un axe horizontal quelconque (ce seront les abscisses, ou les
ordonnées, données par le quadrillage).

Incidemment, une telle figure, et même le dessin suivant, où se trouvent reportés à une échelle
arbitraire un plus grand nombre de déplacements,
ne donnent qu'une idée bien affaiblie du prodigieux enchevêtrement de la trajectoire réelle. Si
en effet on faisait des pointés en des intervalles
de temps 100 fois plus rapprochés, chaque seg-

ment serait remplacé par un contour polygonal
relativement aussi compliqué que le dessin entier,
et ainsi de suite. On voit assez comment s'évanouit

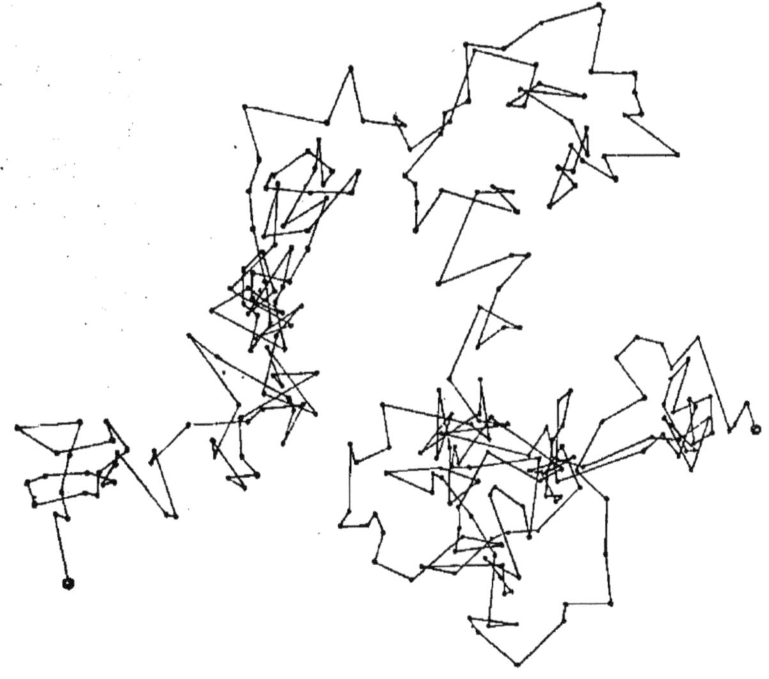

Fig. 8.

pratiquement en de pareils cas la notion de tangente à une trajectoire.

**73. — Parfaite irrégularité de l'agitation.** — Si le
mouvement est irrégulier, le carré moyen $X^2$ de
la projection sur un axe sera proportionnel au
temps. Et en effet un grand nombre de pointés
ont montré que ce carré moyen est bien sensiblement 2 fois plus grand pour la durée de 120
secondes qu'il n'est pour la durée de 30 secondes [1].

1. Il n'est même pas nécessaire de suivre le même grain, ni de

Mais des vérifications plus complètes encore sont suggérées par l'extension aux *déplacements* de granules des raisonnements imaginés par Maxwell (35) pour les *vitesses moléculaires*, raisonnements qui doivent s'appliquer indifféremment aux deux cas.

En premier lieu, comme les projections des vitesses, les projections sur un axe des déplacements (de sphérules égaux pendant des durées égales) doivent se répartir autour de leur moyenne (qui, par raison de symétrie, est zéro) suivant la *loi du hasard* de Laplace et Gauss [1].

M. Chaudesaigues, qui travaillait dans mon laboratoire, a fait les pointés puis les calculs pour des grains de gomme-gutte ($a = 0^\mu, 212$) que j'avais préparés. Les nombres $n$ de déplacements ayant leurs projections comprises entre deux multiples successifs de $1^\mu,7$ (qui correspondait à 5 millimètres du quadrillage) sont indiqués dans le tableau suivant :

connaître sa grosseur. Il suffit de noter pour une série de grains les déplacements $d$ et $d'$ relatifs aux durées 1 et 4. Le quotient $\dfrac{d'}{d}$ a 2 pour valeur moyenne.

1. C'est-à-dire que sur $\mathfrak{N}$ segments considérés, il y en aura :

$$\mathfrak{N} \int_{x_1}^{x_2} \frac{1}{\sqrt{2\pi}} \frac{1}{X} e^{-\frac{x^2}{X^2}} dx$$

qui auront une projection comprise entre $x_1$ et $x_2$ (le carré moyen $X^2$ étant mesuré comme nous avons vu).

| PROJECTIONS (en $\mu$) comprises entre | PREMIÈRE SÉRIE | | SECONDE SÉRIE | |
|---|---|---|---|---|
| | *n* trouvé. | *n* calculé. | *n* trouvé. | *n* calculé. |
| 0 et 1,7. . . | 38 | 48 | 48 | 44 |
| 1,7 et 3,4. . . | 44 | 43 | 38 | 40 |
| 3,4 et 5,1. . . | 33 | 40 | 36 | 35 |
| 5,1 et 6,8. . . | 33 | 30 | 29 | 28 |
| 6,8 et 8,5. . . | 35 | 23 | 16 | 21 |
| 8,5 et 10,2. . . | 11 | 16 | 15 | 15 |
| 10,2 et 11,9. . . | 14 | 11 | 8 | 10 |
| 11,9 et 13,6. . . | 6 | 6 | 7 | 5 |
| 13,6 et 15,3. . . | 5 | 4 | 4 | 4 |
| 15,3 et 17,0. . . | 2 | 2 | 4 | 2 |

Une autre vérification plus frappante encore, dont je dois l'idée à Langevin, consiste à transporter parallèlement à eux-mêmes les déplacements horizontaux observés, de façon à leur donner une origine commune[1]. Les extrémités des vecteurs ainsi obtenus doivent se répartir autour de cette origine comme les balles tirées sur une cible se répartissent autour du but. C'est ce qu'on voit sur la figure ci-contre où sont réparties 500 observations que j'ai faites sur des grains de rayon égal à $0^\mu,367$, pointés de 30 en 30 secondes. Le carré moyen $c^2$ de ces déplacements était égal au carré de $7^\mu,84$. Les cercles tracés sur la figure ont pour rayons :

$$\frac{e}{4}, \ \frac{2e}{4}, \ \frac{3e}{4}, \ \text{etc...}$$

Ici encore le contrôle est quantitatif et la loi du

---

[1]. Cela revient à considérer des grains qui auraient même point de départ.

hasard permet de calculer combien de points doivent se placer dans les anneaux successifs de la cible. On lit dans le tableau de la page suivante, à côté de la probabilité P pour que l'extrémité d'un déplacement tombe dans chacun des

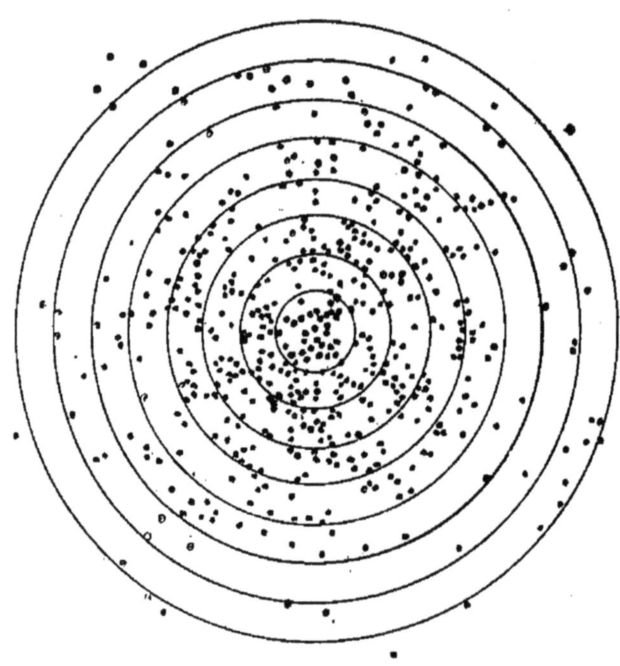

Fig. 9.

anneaux, les nombres $n$ calculés et trouvés pour les 500 déplacements observés.

Une troisième vérification se trouve dans l'accord constaté des valeurs calculées et trouvées pour le quotient $\dfrac{d}{e}$ du déplacement horizontal moyen $d$ par le déplacement quadratique moyen $e$. Un raisonnement tout semblable à celui qui donne la vitesse moyenne G à partir du carré moyen $U^2$ de la vitesse moléculaire montre que

$d$ est à peu près égal aux 8/9 de $c$. Et, en fait, pour 360 déplacements de grains ayant o$^\mu$,53 de rayon j'ai trouvé $\dfrac{d}{c}$ égal à 0,886 au lieu de 0,894 prévu.

| DÉPLACEMENT<br>compris entre | $\dfrac{\varphi}{2}$<br>PAR<br>ANNEAU | $n$ CALCULÉ | $n$ TROUVÉ |
|---|---|---|---|
| o et $\dfrac{e}{4}$ . . . . . . . | 0,063 | 32 | 34 |
| $\dfrac{e}{4}$ et $2\dfrac{e}{4}$ . . . . . . . | 0,167 | 83 | 78 |
| $2\dfrac{e}{4}$ et $3\dfrac{e}{4}$ . . . . . . . | 0,214 | 107 | 106 |
| $3\dfrac{e}{4}$ et $4\dfrac{e}{4}$ . . . . . . . | 0,210 | 105 | 103 |
| $4\dfrac{e}{4}$ et $5\dfrac{e}{4}$ . . . . . . . | 0,150 | 75 | 75 |
| $5\dfrac{e}{4}$ et $6\dfrac{e}{4}$ . . . . . . . | 0,100 | 50 | 49 |
| $6\dfrac{e}{4}$ et $7\dfrac{e}{4}$ . . . . . . . | 0,054 | 27 | 30 |
| $7\dfrac{e}{4}$ et $8\dfrac{e}{4}$ . . . . . . . | 0,028 | 14 | 17 |
| $8\dfrac{e}{4}$ et $\infty$ . . . . . . . | 0,014 | 7 | 9 |

D'autres vérifications de même genre pourraient encore être citées, mais ne semblent plus bien utiles. Bref, l'irrégularité du mouvement est quantitativement rigoureuse et c'est là sans doute une des plus belles applications de la loi du hasard.

**74. — Premières vérifications de la théorie d'Einstein (déplacements).** — En même temps qu'il publiait ses formules, Einstein observait que l'ordre de grandeur du mouvement brownien semblait tout à fait correspondre aux prévisions de la théorie cinétique. Smoluchowski, de son côté, arrivait à la même conclusion dans une discussion approfondie des données alors utilisables (indifférence de la nature et de la densité des grains, observations qualitatives sur l'acroissement d'agitation quand la température s'élève ou quand le rayon diminue, évaluation grossière des déplacements pour des grains de l'ordre du micron).

On pouvait dès lors sans doute affirmer que le mouvement brownien n'est sûrement pas plus que 5 fois plus vif, et sûrement pas moins de 5 fois moins vif que l'agitation prévue. Cette concordance approximative dans l'ordre de grandeur et dans les propriétés qualitatives donnait tout de suite une grande force à la théorie cinétique du phénomène et cela fut nettement exprimé par les créateurs de cette théorie.

Il ne fut publié, jusqu'en 1908, aucune vérification, ou tentative de vérification qui ajoute le moindre renseignement à ces remarques d'Einstein et de Smoluchowski[1]. Vers ce moment se

---

1. Je ne peux faire exception pour le premier travail consacré par Svedberg au mouvement brownien (*Z. für Electrochemie*, t. XII, 1906, p. 853 et 909 ; *Nova Acta Reg. Soc. Sc.*, Upsala 1907). En effet :

1° Les longueurs données comme déplacements sont de 6 à 7 fois trop fortes, ce qui en les supposant correctement définies, ne marquerait aucun progrès, spécialement sur la discussion due à Smoluchowski ;

2° Et ceci est beaucoup plus grave, Svedberg croyait que le mouvement brownien devenait *oscillatoire* pour les grains ultramicroscopiques. C'est la *longueur d'onde* (?) de ce mouvement qu'il mesurait et assimilait au déplacement d'Einstein. Il est évidemment impos-

place une vérification intéressante mais partielle, due à Seddig [1]. Cet auteur a comparé, à diverses températures, les déplacements subis de dixième en dixième de seconde par des grains ultramicroscopiques de cinabre jugés à peu près égaux. Si la formule d'Einstein est exacte, les déplacements moyens $d$ et $d'$ aux températures T et T' (viscosités $\zeta$ et $\zeta'$) auront pour rapport

$$\frac{d'}{d} = \sqrt{\frac{T'}{T}}\sqrt{\frac{\zeta}{\zeta'}}$$

soit, pour l'intervalle 17°-90°,

$$\frac{d'}{d} = \sqrt{\frac{273 + 90}{273 + 17}}\sqrt{\frac{0,011}{0,0032}} = 1,12 \times 1,86 = 2,05.$$

L'expérience donne 2,2. L'écart est bien inférieur aux erreurs possibles.

Ces mesures approchées de Seddig prouvent au reste l'influence de la viscosité beaucoup plus que celle de la température (7 fois plus faible dans l'exemple donné, et qu'il sera difficile de rendre très notable [2]).

Ayant des grains de rayon exactement connu, j'avais pu, vers la même époque, commencer des

sible de vérifier une théorie en se fondant sur un phénomène qui, supposé exact, *serait en contradiction avec cette théorie.* J'ajoute que, à aucune échelle, le mouvement brownien ne présente de caractère oscillatoire.

1. *Physik Zeitschr.*, t. IX, 1908, p. 465.

2. On dit souvent qu'on voit le mouvement brownien s'activer quand la température s'élève. En réalité, à simple vue, on ne pourrait rien affirmer du tout si la viscosité ne diminuait pas.

mesures *absolues*[1] et rechercher si le quotient

$$\frac{t}{X^2} \frac{RT}{3\pi a\zeta}$$

qui doit être égal au nombre N d'Avogadro d'après l'équation d'Einstein, a en effet une valeur indépendante de l'émulsion, et sensiblement égale à la valeur trouvée pour N.

Il s'en faut que cela parût alors tout à fait sûr[2]. Un essai cinématographique tenté par V. Henri où, pour la première fois, la précision était possible[3] venait de se montrer nettement défavorable à la théorie d'Einstein. Je rappelle ce fait parce que j'ai été très vivement frappé de la facilité avec laquelle on fut alors prompt à admettre que cette théorie devait contenir quelque hypothèse injustifiée. J'ai compris par là combien est au fond limité le crédit que nous accordons aux théories, et que nous y voyons des instruments de découverte plutôt que de véritables démonstrations.

En réalité, dès les premières mesures de déplacements, il fut manifeste que la formule d'Einstein était exacte.


**75. — Calcul des grandeurs moléculaires d'après le mouvement brownien.** — J'ai fait ou dirigé plusieurs séries de mesures, en changeant autant que j'ai

---

1. *Comptes Rendus*, t. CXLVII, 1908, *Ann. de Ch. et Phys.*, sept. 1909, etc.

2. Voir par exemple Cotton, *Revue du Mois* (1908).

3. *Comptes Rendus*, 1908, p. 146. La méthode était tout à fait correcte, et avait le mérite d'être employée pour la première fois. J'ignore quelle cause d'erreur a faussé les résultats.

pu les conditions de l'expérience, particulièrement la viscosité et la taille des grains. Ces grains étaient pointés à la chambre claire[1], le microscope étant vertical, ce qui donne les déplacements horizontaux (par comparaison avec un micromètre objectif). Les pointages ont été généralement faits de 30 en 30 secondes, à raison de quatre pour chaque grain.

J'ai mis en train la méthode (série I) avec l'aide de M. Chaudesaigues, qui a bien voulu se charger (séries II et III) des mesures relatives à des grains ($a = 0^\mu,212$) dont la répartition en hauteur m'avait donné une bonne détermination de N. Il a utilisé un objectif à sec (dispositif d'ultramicroscopie de Cotton et Mouton). Les séries suivantes ont été faites avec l'objectif à immersion, qui permet de mieux connaître la température de l'émulsion (dont les variations importent, à cause des variations de viscosité qu'elles entraînent). J'ai fait la série IV (mastic) en collaboration avec M. Dabrowski, la série VI (liquide très visqueux, où X était de l'ordre de $2\mu$. par 5 minutes) en collaboration avec M. Bjerrum. La série V se rapporte à deux grains très gros de mastic (obtenus comme nous verrons bientôt) de diamètre directement mesuré à la chambre claire, et en suspension dans une solution d'urée de même densité que le mastic.

Le Tableau suivant, où on lit, pour chaque série, la valeur moyenne de la viscosité $z$, le

---

[1]. Une difficulté réelle est de ne pas perdre de vue le grain, qui monte et descend sans cesse. Les déplacements *verticaux* n'ont été mesurés que dans la série VI.

rayon $a$ des grains, leur masse $m$ et le nombre approximatif $n$ des déplacements utilisés, résume ces expériences.

| $100\zeta$ | NATURE DE L'ÉMULSION | RAYON des grains. | MASSE $m.\,10^{15}$. | DÉPLACEMENTS utilisés. | $\dfrac{N}{10^{22}}$ |
|---|---|---|---|---|---|
| 1 | I. Grains de gomme-gutte . . . . . . | $0,50\,\mu$ | 600 | 100 | 80 |
| 1 | II. Grains analogues. . | 0,212 | 48 | 900 | 69,5 |
| 4 à 5 | III. Mêmes grains dans eau sucrée (35 p. 100) (température mal connue). . . | 0,212 | 48 | 400 | 55 |
| 1 | IV. Grains de mastic . | 0,52 | 650 | 1.000 | 72,5 |
| 1,2 | V. Grains énormes (mastic) dans solution d'urée (27 p. 100) . | 5,50 | 750.000 | 100 | 78 |
| 125 | VI. Grains de gomme-gutte dans glycé-rine (1/10 d'eau). | 0,385 | 290 | 100 | 64 |
| 1 | VII. Grains de gomme-gutte bien égaux. | 0,367 | 246 | 1.500 | **68,8** |

Comme on voit, les valeurs extrêmes des masses sont dans un rapport supérieur à 15 000 et les valeurs extrêmes des viscosités dans le rapport de 1 à 125. Pourtant, et quelle que fût la nature du liquide intergranulaire ou des grains le quotient $\frac{N}{10^{22}}$ est resté voisin de 70 comme dans le cas de la répartition en hauteur[1]. Cette remarquable concordance prouve l'exactitude rigoureuse de la formule d'Einstein et confirme de façon éclatante la théorie moléculaire.

Les mesures les plus précises (série VII) se rapportent aux grains les plus égaux que j'ai préparés. La préparation et l'objectif (à immersion) étaient noyés dans l'eau, ce qui permet la mesure exacte de la température (et par suite de la viscosité). Les rayons éclairants, assez faibles, étaient filtrés par une cuve d'eau. L'émulsion était très diluée. Le microscope était mis au point sur le niveau ($6\mu$ au-dessus du fond) dont la hauteur $h$ est telle qu'un grain de la taille considérée a même probabilité pour se trouver au-dessus ou au-dessous de ce niveau. Pour ne pas être tenté de choisir des grains par hasard un peu plus visibles (c'est-à-dire un peu plus gros que la moyenne),

---

1. On peut adjoindre à ces résultats des mesures postérieures de Zangger (Zurich, 1911) faites sur les déplacements *latéraux* de gouttelettes de mercure tombant dans l'eau. Ces mesures ont ceci d'intéressant qu'on peut les faire porter sur une seule goutte, dont le rayon s'obtient d'après la vitesse moyenne de chute. Mais cette application de la loi de Stokes a une sphère liquide tombant dans un liquide ne va pas sans une correction qui affecte le résultat trouvé pour $\frac{N}{10^{22}}$ (60 à 79), et qui d'après un calcul de Rybczinski, élèverait ce résultat de 10 unités environ.

ce qui élèverait un peu N, je suivais le premier grain qui se présentait dans le centre du champ. Puis je déplaçais latéralement de 100μ la préparation, suivais de nouveau le premier grain qui se présentait dans le centre du champ, à la hauteur $h$, et ainsi de suite. *La valeur obtenue 68.8 concorde à $\frac{1}{100}$ près avec celle que m'a donnée la répartition d'une colonne verticale d'émulsion (n° 68).*

J'admettrai donc pour le nombre d'Avogadro la valeur

$$68,5 \cdot 10^{22},$$

d'où résulte pour l'électron (en unités électrostatiques) la valeur

$$4,2 \cdot 10^{-10};$$

et pour la masse de l'atome d'hydrogène (en grammes) la valeur

$$1,47 \cdot 10^{-24}.$$

**76. — Mesures du mouvement brownien de rotation.** (Gros sphérules.) — Nous avons vu que la théorie généralisée d'Einstein s'applique au mouvement brownien de rotation, la formule s'écrivant alors

$$\frac{A^2}{t} = \frac{RT}{N} \frac{1}{4\pi a^3 \zeta}$$

où $A^2$ désigne le tiers du carré moyen de l'angle de rotation pendant le temps $t$.

En vérifiant cette formule, on vérifie du même coup les évaluations de probabilité qui figurent dans sa démonstration et qu'on retrouve quand on veut établir *l'équipartition de l'énergie*, c'est-à-dire, dans le cas actuel, l'égalité moyenne des énergies de rotation et de translation. Les difficultés mêmes qu'on a vu récemment s'élever (*41* à *43*), au sujet des limites dans lesquelles s'applique cette équipartition, augmentent l'utilité d'une vérification.

Mais cette formule indique une rotation moyenne d'environ 8 degrés par centième de seconde, pour des sphères de 1$^\mu$ de diamètre, rotation bien rapide pour être perçue (d'autant qu'on ne distingue pas de points de repère sur des sphérules si petits), et qui à plus forte raison échappe à la mesure. Et, en effet, cette rotation n'avait fait l'objet d'aucune étude expérimentale, même qualitative.

J'ai tourné la difficulté en préparant de très gros sphérules de gomme-gutte ou de mastic. J'y suis arrivé en précipitant la résine de sa solution alcoolique, non plus, comme d'habitude, par addition brusque d'un grand excès d'eau (ce qui donne des grains de diamètre généralement inférieur au micron), mais en rendant très progressive la pénétration de l'eau précipitante. C'est ce qui se passe quand on fait arriver très lentement de l'eau pure, au moyen d'un entonnoir à pointe effilée, sous une solution (étendue) de résine dans l'alcool, qu'elle soulève progressivement. Une zone de passage s'établit entre les deux liquides qui diffusent l'un dans l'autre, et les grains qui se forment dans cette zone ont couramment un diamètre d'une douzaine de microns. Aussi devien-

nent-ils bientôt tellement lourds, qu'ils tombent,
malgré leur mouvement brownien, traversant les
couches d'eau pure où ils se lavent, dans le fond
de l'appareil, où il n'y a plus qu'à les recueillir
par décantation. J'ai ainsi précipité toute la résine
de solutions alcooliques de gomme-gutte ou de
mastic sous forme de sphères dont le diamètre
peut atteindre 50$^\mu$. Ces grosses sphères ont l'aspect
de billes de verre, jaune pour la gomme-gutte,
incolore pour le mastic, qu'on brise facilement
en fragments irréguliers. Elles semblent fréquemment parfaites et donnent à la façon des lentilles
une image réelle reconnaissable de la source
lumineuse qui éclaire la préparation (manchon
Auer par exemple). Mais fréquemment aussi
elles contiennent à leur intérieur des inclusions [1],
*points de repère grâce auxquels on perçoit
facilement le mouvement brownien de rotation.*

Malheureusement le poids de ces gros grains
les maintient sans cesse au voisinage immédiat
du fond, où leur mouvement brownien peut être
altéré par des phénomènes d'adhésion. J'ai donc

---

1. Ces inclusions ne modifient pas appréciablement la densité du
grain : dans une solution aqueuse d'urée, des grains de mastic se
suspendent pour la même teneur en urée, qu'ils contiennent ou ne
contiennent pas d'inclusions. J'ai discuté ailleurs la nature de ces
inclusions, faites probablement d'une pâte visqueuse renfermant
encore une trace d'alcool.

De façon exceptionnelle il arrive qu'un grain soit formé de deux
sphères accolées tout le long d'un petit cercle, résultant évidemment
de la soudure de deux sphères pendant qu'elles étaient en train de
grossir autour de leurs germes respectifs. Au double point de vue
de la naissance de *germes* et de leur vitesse d'accroissement, ces
apparences présentent de l'intérêt en dehors du but ici poursuivi.

cherché, par dissolution de substances convenables, à donner au liquide intergranulaire la densité des grains. Une complication aussitôt manifestée consiste en ce que, à la dose nécessaire pour suspendre les grains entre deux eaux presque toutes ces substances agglutinent les grains en *grappes de raisin*, montrant ainsi de la plus jolie manière en quoi consiste le phénomène de la COAGULATION, peu facile à saisir sur les solutions colloïdales ordinaires (à grains ultramicroscopiques). Pour une seule substance, l'urée, cette coagulation n'a pas eu lieu.

Dans de l'eau à 27 p. 100 d'urée, j'ai donc pu suivre l'agitation des grains (série IV du Tableau précédent). J'ai de même, assez grossièrement, pu mesurer leur rotation. Pour cela, je pointais à intervalles de temps égaux les positions successives de certaines inclusions, ce qui permet ensuite, à loisir, de retrouver l'orientation de la sphère à chacun de ces instants, et de calculer approximativement sa rotation d'un instant à l'autre. Les calculs numériques, appliqués à environ 200 mesures d'angle faites sur des sphères ayant $13\mu$ de diamètre, m'ont donné pour N, par application de la formule d'Einstein, la valeur $65.10^{22}$ alors que la valeur probablement exacte est $69.10^{22}$. En d'autres termes, si l'on part de cette dernière valeur de N, on prévoit, en degrés, pour $\sqrt{\overline{A^2}}$, par minute, la valeur

$$14^{o}$$

et l'on trouve expérimentalement

$$14^{o},5.$$

L'écart se trouve être bien inférieur aux erreurs permises par l'approximation médiocre des mesures et des calculs. Cette concordance est d'autant plus frappante qu'on ignorait *a priori* même l'ordre de grandeur du phénomène. La masse des grains observés est 70 000 fois plus grande que celle des plus petits grains étudiés pour la répartition en hauteur.

**77. — La diffusion des grosses molécules.** — Pour achever d'établir les diverses lois prévues par Einstein, il ne nous reste plus qu'à étudier la diffusion des émulsions et à voir si la valeur de N qu'on en peut tirer par l'équation

$$N = \frac{RT}{D}\,\frac{1}{6\pi a\zeta}$$

concorde avec celle que nous avons déjà trouvée.

Il convient de citer d'abord, en ce sens, l'application qu'Einstein lui-même a faite de sa formule à la diffusion du sucre dans l'eau. Cette extension suppose : 1° qu'on peut regarder les molécules de sucre comme à peu près sphériques, et 2° que la loi de Stokes s'applique à ces molécules. (On ne pourrait donc être surpris si l'on ne retrouvait pas le nombre attendu.)

Ceci admis, l'équation en question, appliquée au sucre à 18°, devient [1]

$$aN = 3,2.10^{16}.$$

---

1. Nous savons en effet (**37**, note) que R est égal à $83,2.10^6$, que D est égal à $\dfrac{0,33}{86\,400}$ (**71**, note) et que T est égal à $(273 + 18)$. Enfin, à cette température, la viscosité de l'eau *pure* intermoléculaire, à laquelle s'applique le raisonnement (et non pas la viscosité globale de l'eau sucrée) est 0,0105 (**48**, note).

Mais nous ne savons pas quel rayon attribuer à la molécule de sucre pour laquelle nous ne pouvons utiliser les calculs possibles pour les corps volatils.

Nous pourrions comme déjà nous l'avons fait (47) observer que nous avons une indication sur le volume « vrai » $\left(\dfrac{4}{3}\pi a^3 N\right)$ des molécules de la molécule-gramme de sucre en mesurant le volume (208 centimètres cubes) qu'occupe cette quantité de sucre à l'état vitreux. Einstein a plus heureusement résolu la difficulté en calculant ce volume à partir de la viscosité de l'eau sucrée. Il y est arrivé en montrant, par application des lois de l'hydrodynamique, qu'une émulsion de sphérules doit être plus visqueuse que le liquide intergranulaire pur, et que l'accroissement relatif de viscosité $\dfrac{\tilde{\iota}' - \tilde{\iota}}{\tilde{\iota}}$ est proportionnel au quotient $\dfrac{v}{V}$, par le volume V de l'émulsion, du volume vrai $v$ des sphérules qui s'y trouvent présents. Le calcul primitif indiquait même l'égalité pure et simple entre $\dfrac{\tilde{\iota}' - \tilde{\iota}}{\tilde{\iota}}$ et $\dfrac{v}{V}$.

Extrapolant à l'eau sucrée cette théorie établie pour les émulsions, Einstein obtenait ainsi de façon approchée le volume vrai des molécules d'une molécule-gramme de sucre. Tenant compte de la valeur déjà trouvée pour le produit $a$N, il trouvait en définitive (1905) la valeur $40.10^{22}$ pour le nombre N [1].

---

[1]. On peut rapprocher de ce résultat une vérification postérieure de la formule de diffusion, par Svedberg (*Z. für Phys. Chem.*, t. LXVII, 1909, p. 105) pour des solutions colloïdales d'or, à grains amicroscopiques. Le diamètre des grains, évalué, d'après Zsygmondy,

Quelques années après, M. Bancelin, qui travaillait dans mon laboratoire, désira vérifier la formule donnée pour l'accroissement relatif de viscosité (vérification facile pour des émulsions de gomme-gutte ou de mastic). Il vit aussitôt que l'accroissement prévu était certainement trop faible.

Averti de ce désaccord, M. Einstein s'aperçut qu'une erreur s'était glissée, non pas dans son raisonnement, mais dans le calcul, et que la formule exacte devait être

$$\frac{\zeta' - \zeta}{\zeta} = 2.5 \, \frac{v}{V}$$

cette fois en accord avec les mesures. La valeur correspondante pour N se trouve alors

$$65.10^{22}$$

remarquablement approchée. Ceci nous force à croire que les molécules de sucre ont une forme assez ramassée, sinon sphérique, et, de plus,

à $0,5.10^{-7}$ et le coefficient de diffusion (égal aux $\frac{4}{5}$ de celui du sucre) donneraient pour N environ $66.10^{22}$. La grande incertitude dans la mesure (et même dans la définition), du rayon de ces granules *invisibles* (qui sont probablement des éponges irrégulières de tailles *très variées*) rend en somme ces résultats moins probants que ceux qu'Einstein avait tirés de la diffusion de molécules pas plus invisibles, *à peine moins grosses*, et du moins identiques entre elles.

De plus, Svedberg a fait d'intéressantes mesures *relatives* où il compare la diffusion de deux solutions colloïdales d'or, les grains de l'une étant (en moyenne) 10 fois plus petits que les grains de l'autre : il a tiré de mesures colorimétriques cette conclusion qu'au travers de membranes identiques, il passe 10 fois plus de ces petits grains que des gros. C'est bien ce qui doit arriver, par application de la formule (si toutefois les pores du parchemin sont assez gros).

que la loi de Stokes est encore applicable (dans
l'eau) pour des molécules sans doute relativement
grosses, mais enfin dont le diamètre n'atteint
pas le millième de micron.

**78. — Dernière épreuve expérimentale. La diffusion
des granules visibles.** — D'après sa démonstration
même, l'équation de diffusion d'Einstein

$$D = \frac{RT}{N} \frac{1}{6\pi a \zeta},$$

qui ne peut qu'être approchée pour des molécules, a chance d'être rigoureusement vérifiée
pour les émulsions. En fait, puisque cette équation est la conséquence nécessaire de la loi de
Stokes et de la loi de répartition en hauteur, elle
peut être regardée comme vérifiée dans le domaine
où j'ai vérifié ces deux lois.

Il est cependant d'un intérêt certain de faire
des mesures *directes* de diffusion, si l'on fait les
mesures de manière à étendre ce domaine.

Aussi, quand M. Léon Brillouin me fit part
de son désir de compléter le contrôle expérimental de la théorie d'Einstein en étudiant la diffusion des émulsions, je lui conseillai la méthode
suivante, qui utilise l'obstacle même qui m'avait
empêché d'étudier un régime permanent dans la
glycérine pure, où les grains se collent à la paroi
de verre quand par hasard ils la rencontrent
(**66**, note).

Considérons une paroi verticale de verre qui
limite une émulsion, d'abord à répartition uniforme, de grains de gomme-gutte dans la glycé-

rine, le nombre de grains par unité de volume étant $n$. Cette paroi, qui fonctionne comme parfaitement absorbante, capture tous les grains que le hasard du mouvement brownien amène à son contact, en sorte que l'émulsion s'appauvrit progressivement par diffusion vers la paroi, en même temps que le nombre $\mathfrak{N}$ de grains collés par unité de surface va en croissant. La variation de $\mathfrak{N}$ en fonction du temps déterminera le coefficient de diffusion.

La paroi absorbante observée sera la face postérieure du couvre-objet qui limite une préparation maintenue verticalement à température bien constante, préparation dont l'épaisseur sera assez grande pour que, pendant les quelques jours d'observation, l'absorption par le couvre-objet soit ce qu'elle serait si l'émulsion s'étendait à l'infini[1].

Le raisonnement approché qui suit permet de tirer des mesures le coefficient D de diffusion.

Soit toujours $X^2$ le carré moyen (égal à $2\,Dt$), du déplacement pendant le temps $t$ qui s'est écoulé depuis la mise en expérience. On ne fera pas de grandes erreurs en raisonnant comme si chaque grain avait subi, soit vers le mur absorbant soit en sens inverse, le déplacement X. Le nombre $\mathfrak{N}$ des grains arrêtés par l'unité de sur-

---

1. Les grains, un peu plus légers que la glycérine, monteront lentement (environ 1 millimètre en deux semaines à la température des expériences). Cela n'a aucune influence sur $\mathfrak{N}$ si la préparation est assez haute pour que la surface étudiée reste au-dessus des couches inférieures privées par cette ascension de leurs grains.

face de la paroi pendant le temps $t$ est alors évidemment

$$\mathfrak{N} = \frac{1}{2}\, n\mathrm{X},$$

d'où résulte, remplaçant X par $\sqrt{2\mathrm{D}t}$

$$\frac{\mathfrak{N}^2}{t} = \mathrm{D}\,\frac{n^2}{2}$$

ou encore

$$\mathrm{D} = \frac{2}{n^2}\,\frac{\mathfrak{N}^2}{t},$$

équation qui donne le coefficient de diffusion cherché.

M. Léon Brillouin a monté les expériences et fait les mesures, assez pénibles, avec beaucoup d'habileté. Des grains égaux de gomme-gutte ($0^\mu,52$ de rayon), débarrassés par dessiccation de l'eau intergranulaire, ont été longuement délayés dans la glycérine de manière à réaliser une émulsion diluée à répartition uniforme contenant $7,9.10^8$ grains par centimètre cube (en sorte que le volume des grains n'atteint pas les $\frac{2}{1\,000}$ de celui de l'émulsion). La diffusion s'est produite dans un thermostat à la température constante de $38°,7$, pour laquelle la viscosité de la glycérine employée était 165 fois celle de l'eau à $20°$. Deux fois par jour, on photographiait une même portion de la paroi où se fixaient les grains, et l'on comptait ces grains sur les clichés. Six préparations ont été suivies, chacune pendant plusieurs jours [1].

---

[1]. De façon qualitative, M. L. Brillouin a aussi examiné des pré-

L'examen des clichés successifs a montré que le carré du nombre des grains fixés est bien proportionnel au temps, en sorte que, dans un diagramme où l'on porte $\mathfrak{X}$ en abscisse et $\sqrt{t}$ en ordonnée, les points qui représentent les mesures se placent sensiblement sur une droite passant par l'origine, comme on le voit sur la figure ci-contre. Le coefficient D égal à $\frac{2}{n^2}\frac{\mathfrak{X}^2}{t}$, s'ensuit aussitôt. Il s'est trouvé égal à $2,3.10^{-11}$ pour les grains employés après fixation

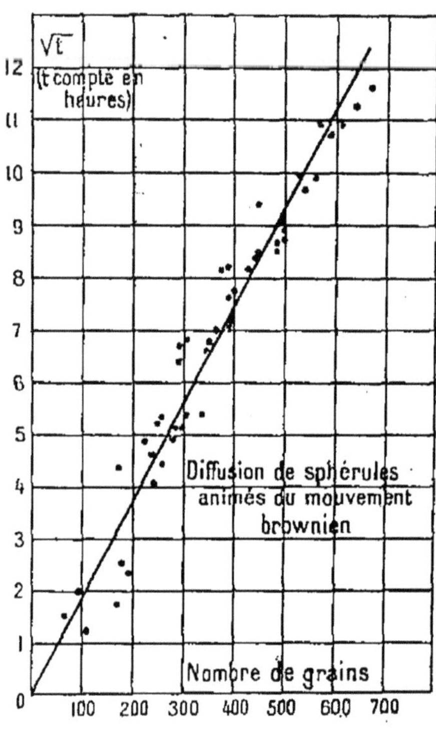


Fig. 10.

de plusieurs milliers de grains, ce qui correspond à une diffusion 140 000 fois plus lente que celle du sucre dans l'eau à 20° !

Pour vérifier l'équation de diffusion d'Eins-

parations maintenues dans la glace fondante, à la température de laquelle la viscosité de la glycérine devient plus que 3 000 fois celle de l'eau. Le mouvement brownien, déjà difficilement perceptible pour la viscosité précédente, semble alors absolument arrêté. Il subsiste pourtant et des photographies successives montrent que les grains diffusent lentement vers la paroi, le nombre des grains qui viennent s'y coller croissant avec le temps de façon raisonnable, sans qu'il ait été possible d'attendre assez longtemps pour faire des mesures précises.

tein, il ne reste plus qu'à voir si le nombre $\frac{RT}{D}\frac{1}{6\pi a\xi}$ est voisin de $70.10^{22}$. Or ce nombre, à $\pm$ 3 pour 100 près, est égal à

$$69.10^{22}.$$

**79. — Résumé.** — Ainsi les lois des gaz parfaits s'appliquent dans tous leurs détails aux émulsions, ce qui donne une base expérimentale solide aux théories moléculaires. Le domaine de vérification paraîtra sans doute assez considérable si l'on réfléchit :

Que la nature des grains a varié (gomme-gutte, mastic) ;

Que la nature du liquide intergranulaire a varié (eau pure, eau contenant un quart d'urée ou un tiers de sucre, glycérine à 12 p. 100 d'eau, glycérine pure) ;

Que la température a varié (de $-9°$ à $+58°$) ;

Que la densité apparente des grains a varié (de $-0,03$ à $+0,30$) ;

Que la viscosité du liquide intergranulaire a varié (dans le rapport de 1 à 330) ;

Que la masse des grains a varié (dans le rapport énorme de 1 à 70 000) ainsi que leur volume (dans le rapport de 1 à 90 000).

Cette étude des émulsions a donné pour $\frac{N}{10^{22}}$ les valeurs suivantes :

68,2 d'après la répartition en hauteur ;

68,8 d'après les déplacements de translation ;

65 d'après les rotations ;

69 d'après les diffusions ;

ou, si on préfère, cette étude a donné pour la masse de l'atome d'hydrogène, *évaluée en trillionièmes de trillionième de gramme*, respectivement les valeurs 1,47 — 1,45 — 1,54 et 1,45.

Nous allons voir que d'autres faits traduisent la structure discontinue de la matière, et, comme le mouvement brownien, livrent les éléments de cette structure.

# CHAPITRE V

## LES FLUCTUATIONS

### Théorie de Smoluchowski.

L'agitation moléculaire, directement révélée par le mouvement brownien, peut se traduire par d'autres conséquences qui consistent également *en un régime permanent d'inégalité variable dans les propriétés de portions microscopiques d'une matière en équilibre.* On peut appeler *phénomène brownien* ou *fluctuation* tout phénomène ayant ce caractère.

**80. — Fluctuations de densité.** — Nous avons déjà indiqué un de ces phénomènes (*51*), en parlant des inégalités thermiques certaines, mais très faibles, qui se produisent spontanément et continuellement dans des espaces de l'ordre du micron, et qui sont, en définitive, un deuxième aspect du mouvement brownien lui-même. Ces fluctuations thermiques, de l'ordre du millième de degré pour ces volumes [1] ne semblent pas actuellement accessibles à nos mesures.

---

[1]. Suivant une évaluation d'Einstein, tirée, comme les formules que nous avons vérifiées, de la théorie cinétique des émulsions.

De même que la température ou l'agitation, la *densité* d'un fluide en équilibre doit varier continuellement de place en place. Un micron-cube, par exemple, contiendra tantôt plus et tantôt moins de molécules. Smoluchowski a attiré l'attention sur ces inégalités spontanées, et a su calculer, pour un volume $v$ qui contient *par hasard n* molécules alors qu'il en contiendrait $n_0$ si la concentration était rigoureusement uniforme, la *fluctuation de densité*, égale à $\dfrac{n - n_0}{n_0}$.

Il a d'abord montré, par un raisonnement statistique simple que, pour un gaz ou une solution étendue, la valeur absolue moyenne de cette fluctuation doit être égale à $\sqrt{\dfrac{2}{\pi}\,\dfrac{1}{n_0}}$. On voit que, si la densité du gaz est la densité dite normale, cet écart moyen, pour des volumes de l'ordre du centimètre cube, est seulement de l'ordre du dix-milliardième. Il devient de l'ordre du millième pour les plus petits cubes résolubles au microscope. Quelle que soit la densité du gaz, cet écart moyen sera d'environ 1 pour 100 si le volume considéré contient 6000 molécules, et 10 pour 100 s'il en contient 60.

Soixante molécules dans un micron cube, pour de la fluorescéine, cela fait une solution au trente-millionième ; je ne regarde pas comme impossible qu'on arrive à observer la fluorescence dans ce volume à cette dilution, et qu'on puisse ainsi percevoir directement pour la première fois les fluctuations de composition.

**81.** — **Opalescence critique.** — Cessant de se

limiter au cas des substances diluées, Smoluchowski a réussi un peu plus tard, dans un Mémoire tout à fait remarquable[1], à calculer la fluctuation moyenne de la densité pour un fluide quelconque, et il a prouvé que malgré qu'il s'agisse alors de fluides condensés, les fluctuations deviennent notables dans des espaces perceptibles au microscope lorsque le fluide est dans un état proche de l'état *critique*[2]. Il a réussi à expliquer ainsi *l'opalescence*[3] énigmatique toujours manifestée par les fluides au voisinage de leur état critique.

Cette opalescence, absolument stable, traduit un régime permanent de fine hétérogénéité dans le fluide. Smoluchowski l'explique par la grandeur de la compressibilité (infinie au point cri-

---

1. *Acad. des Sc. de Cracovie*, décembre 1907.

2. On sait que pour chaque fluide il y a une température au-dessus de laquelle on ne peut liquéfier le fluide par compression, c'est la *température critique* (31° pour le gaz carbonique) et de même qu'il y a une pression au-dessus de laquelle on ne peut liquéfier le gaz par refroidissement, c'est la *pression critique* (71 atmosphères pour ce même gaz carbonique). Un fluide est dans l'état critique lorsqu'il est arrivé à la température critique, sous la pression critique. Au point qui représente cet état critique, dans un diagramme de coordonnées $p$, $v$. T, l'isotherme présente un point d'inflexion à tangente parallèle à l'axe des volumes ($\frac{dp}{dv}$ est donc nul en ce point, et la compressibilité y est infinie).

3. Un liquide est opalescent si le trajet d'un pinceau de lumière est visible, comme dans de l'eau de savon ou dans de l'air chargé de fumées fines. Cette lumière se distingue de la lumière de fluorescence en ce que, analysée au strectroscope, elle ne contient pas de couleurs qui ne soient dans le pinceau éclairant. bien que la teinte soit généralemant plus bleue par suite d'un changement dans les rapports des intensités. (Elle s'en distingue aussi en ce que, complètement polarisée, elle cesse d'arriver à l'œil observant à angle droit du faisceau au travers d'un analyseur convenablement orienté.)

tique même) en sorte que des régions contiguës de densités notablement différentes sont pourtant presque en équilibre l'une avec l'autre. Dès lors, grâce à l'agitation moléculaire, il se forme facilement de place en place des *essaims* denses de molécules, à contour diffus, qui ne se désagrègeront que lentement, tandis qu'ailleurs il s'en formera d'autres, essaims qui produiront l'opalescence en déviant latéralement la lumière.

La théorie quantitative montre comment les fluctuations de densité grandissent quand la compressibilité augmente[2]. Au point critique, on trouve ainsi que, dans le volume qui contient en répartition uniforme $n_0$ molécules, la fluctuation moyenne est à peu près l'inverse de la racine quatrième de ce nombre, quel que soit le fluide, ce qui fait 2 pour 100 dans un cube contenant 100 millions de molécules. Pour la plupart des fluides dans l'état critique, le côté d'un tel cube est de l'ordre du micron. L'hétérogénéité est donc

---

1. Le raisonnement de statistique thermodynamique fait par Smoluchowski donne pour le carré moyen de la fluctuation dans le volume $\varphi$ une expression qui, sauf dans le voisinage immédiat du point critique, est sensiblement égale à

$$- \frac{RT}{N} \frac{1}{\varphi v_0 \frac{\partial p}{\partial v_0}}$$

$v_0$ désignant le volume spécifique qui correspondrait à la répartition uniforme et $\frac{\partial p}{\partial v_0}$ la compressibilité (isotherme). Au point critique, où $\frac{\partial p}{\partial v_0}$ et $\frac{\partial^2 p}{\partial v_0^2}$ s'annulent, il faut faire intervenir la dérivée troisième $\frac{\partial^3 p}{\partial v_0^3}$ . (Voir *Conseil de Bruxelles*, p. 218).

beaucoup plus accentuée que dans un gaz et l'on conçoit que l'opalescence, en réalité toujours plus ou moins existante, puisse devenir très marquée.

**82. — Contrôle expérimental de la théorie de l'opalescence.** — La théorie de Smoluchowski, complétée par Keesom, a trouvé une vérification en des mesures qui venaient précisément d'être faites à Leyde par Kamerlingh Onnes et Keesom.

L'intensité de l'opalescence peut en effet se calculer en utilisant des travaux antérieurs [1] qui apprennent quelle quantité de lumière est déviée latéralement, pour un faisceau éclairant d'intensité et de couleur données, par une très petite particule transparente (de volume fixé) plongée dans un milieu qui n'a pas la même réfringence. Cette quantité de lumière se trouve d'autant plus grande que la lumière incidente est plus réfrangible (a une plus petite longueur d'onde). Pour une lumière incidente blanche, la lumière diffusée latéralement sera donc bleue (le bleu et le violet étant plus diffusés par la particule que le jaune ou le rouge). Et l'opalescence est en effet bleuâtre.

De façon plus précise, tant que les dimensions de la particule éclairée peuvent être regardées comme petites vis-à-vis de la longueur d'onde de la lumière incidente, l'intensité de la lumière diffusée est inversement proportionnelle à la quatrième puissance de cette longueur d'onde, mais proportionnelle au carré du volume de la parti-

---

1. Rayleigh. *Phil. Mag.*, XLI, 1881, p. 86 et Lorenz, *Œuvres L.* p. 496. (Voir *Conseil de Bruxelles*, p. 221).

cule et au carré de la variation relative d'indice [1].

Si, comme il arrive précisément dans le cas des fluctuations de densité, la particule qui dévie la lumière est faite de la même substance que le milieu environnant, cette variation relative d'indice est proportionnelle à la variation relative de densité [2], c'est-à-dire à cette fluctuation $\dfrac{n - n_0}{n_0}$ dont Smoluchowski nous a donné la valeur quadratique moyenne. Ajoutant toutes les intensités ainsi dues séparément aux petites parcelles dont se compose un volume notable du fluide, on trouve en définitive comme intensité $i$ de la lumière diffusée par un centimètre cube de fluide à angle droit des rayons incidents

$$i = \frac{\pi^2}{18} \frac{1}{\lambda^4} \frac{RT}{N} (\mu_0^2 - 1)^2 (\mu_0^2 + 2)^2 \frac{1}{- v_0 \dfrac{\partial p}{\partial v_0}}$$

en désignant par $\mu_0$ l'indice de réfraction (moyen) du fluide pour la lumière considérée de longueur d'onde $\lambda$ (dans le vide), par $v_0$ le volume spécifique de ce fluide et par $\dfrac{\partial p}{\partial v_0}$ sa compressibilité (isotherme).

1. A angle droit de la lumière incidente, cette intensité est donnée par l'expression

$$2\pi^2 \frac{\varphi^2}{\lambda_0^4} \left( \frac{\mu - \mu_0}{\mu_0} \right)^2$$

$\varphi$ désignant le volume, $\lambda_0$ la longueur d'onde dans le milieu extérieur à la particule, $\mu_0$ et $\mu$ les indices de réfraction dans ce milieu et dans la particule.

2. Ceci résulte de la loi de réfringence (Lorentz) suivant laquelle, pour un fluide $\dfrac{1}{d} \dfrac{\mu^2 - 1}{\mu^2 + 2}$ est constant.

Toutes les quantités qui figurent dans cette équation sont mesurables, sauf N ; elle permet donc le contrôle des théories de Smoluchowski et Keesom par comparaison de la valeur de N ainsi trouvée avec celle déjà obtenue.

Ce contrôle s'est trouvé résulter de la discussion de belles mesures qui venaient d'être faites sur l'éthylène. La température critique (absolue) était $273 + 11°, 18$ ; la lumière d'opalescence était déjà franchement bleue à $11°, 93$. A cette température le rapport des intensités d'opalescence pour une même intensité incidente, dans le bleu et le jaune (raies F et D) était $1,9$ peu différent du rapport $2,13$ des quatrièmes puissances des fréquences de vibrations de ces deux couleurs.

Toujours à cette température, les mesures en lumière jaune avaient donné par centimètre cube illuminé, et pour une lumière incidente d'intensité $1$, une intensité d'opalescence comprise entre $0,0007$ et $0,0008$. La compressibilité était connue par des mesures de Verschaffelt. La formule de Keesom donne dès lors, pour le nombre N d'Avogadro, une valeur voisine de $75.10^{22}$ avec une approximation de $15$ pour $100$, en très bonne concordance avec la valeur probable.

Des considérations analogues s'appliqueront à l'opalescence toujours présentée par les mélanges liquides (eau et phénol, par exemple), au voisinage du point critique de miscibilité[1].

---

1. A toute température inférieure à $70°$ la solubilité de l'eau et du phénol est limitée : deux couches liquides se forment, inégalement riches en phénol. Quand la température s'élève, ces deux liquides deviennent de moins en moins différents, à $70°$ la teneur en phénol

L'opalescence nous révèle alors un régime permanent de fluctuations de composition d'un point à l'autre du mélange. La théorie de ces fluctuations, un peu plus difficile que dans le cas précédent, a été faite par Einstein (la notion de travail de séparation des constituants remplace la notion de travail de compression). L'équation trouvée[1] permet encore, supposée exacte, de trouver N à partir de grandeurs toutes mesurables, mais ici la détermination n'a pas été encore effectuée.

**83. — Le bleu du ciel.** — Nous avons appliqué dans le voisinage du point critique les formules de Smoluchowski, Keesom ou Einstein. Nous pouvons aussi bien les appliquer au cas d'une substance gazeuse. Ce gaz sera supposé pur, ou du moins, si c'est un mélange, les composants seront supposés avoir même pouvoir réfringent (comme il arrive sensiblement pour l'air), en sorte que les fluctuations de composition auront une influence négligeable par rapport aux fluctuations de densité. En ce cas, en conséquence de la loi de Mariotte, le produit $\left( -v_0 \dfrac{\partial p}{\partial v_0} \right)$ devient égal à $\dfrac{1}{p}$ ; d'autre part, l'indice de réfraction étant très voisin de 1, on peut remplacer

est pour tous deux égale à 36 p. 100 ; la surface de séparation disparait alors ; c'est le point critique de miscibilité. A toute température supérieure la miscibilité est complète, deux couches de composition différente ne peuvent plus subsister en équilibre au contact l'une de l'autre.

1. *Ann. der Phys.*, XVI, 1910, p. 1572.

$(\mu_0^2 + 2)$ par 3, et l'équation de Keesom devient

$$i = \frac{\pi^2}{2\lambda^4}\,\frac{RT}{N}\cdot\frac{1}{p}\,(\mu_0^2 - 1)^2 \cdot$$

Cette intensité de la lumière émise latéralement par 1 centimètre cube de gaz est extrêmement petite, en raison de la faible réfringence des gaz ($\mu_0^2$ est très peu supérieur à 1). Mais la somme des éclairements produits par un très grand volume peut devenir notable, et par là peut s'expliquer (Einstein) la lumière bleue qui nous vient du ciel pendant le jour. On retrouve par cette voie un résultat obtenu par Lord Rayleigh [1], antérieurement aux théories plus générales que je viens de résumer.

On sait qu'un rayon de lumière a une trajectoire visible quand il traverse un milieu chargé de poussières. C'est cette diffusion latérale qui rend généralement visible un rayon de soleil dans l'air. Le phénomène subsiste quand les poussières deviennent de plus en plus fines (et c'est ce qui permet l'observation *ultramicroscopique*), mais la lumière opalescente diffractée vire au bleu, la lumière à courte longueur d'onde subissant donc une diffraction plus forte. De plus, elle est polarisée dans le plan qui passe par le rayon incident et l'œil de l'observateur.

Rayleigh a supposé que même les molécules agissent comme les poussières encore perceptibles au microscope et que c'est l'origine de la coloration du ciel. En accord avec cette hypo-

______
1. *Phil. Mag.*, t. XLI, 1871. p. 107 et t. XLVII, 1899, p. 375.

thèse, la lumière bleue du ciel, observée dans une direction perpendiculaire aux rayons solaires, est fortement polarisée. Il est au reste difficile d'admettre qu'il s'agit là d'une diffraction par des poussières proprement dites, car le *bleu du ciel* n'est guère affaibli quand on s'élève de $2000^m$ ou $3000^m$ dans l'atmosphère, bien au-dessus de la plupart des poussières qui souillent l'air au voisinage du sol. On conçoit qu'il y ait là un moyen de compter les molécules diffractantes qui nous rendent visible une région donnée du ciel, et par suite un moyen d'obtenir N.

Sans se borner à cette conception qualitative, Rayleigh, développant la théorie élastique de la lumière, a calculé le rapport qui doit exister, dans son hypothèse, entre l'intensité du rayonnement solaire direct et celle de la lumière diffusée par le ciel. De façon précise, supposons qu'on observe le ciel dans une direction dont la distance zénithale est $\alpha$, et qui fait un angle $\beta$ avec les rayons solaires ; les éclairements $e$ et E obtenus au foyer d'un objectif successivement pointé vers cette région du ciel et vers le Soleil doivent être pour chaque longueur d'onde $\lambda$ dans le rapport

$$\frac{e}{E} = \pi^3 \omega^2 M \; \frac{p}{g} \; \frac{1 + \cos^2 \beta}{\cos \alpha} \; \left(\frac{\mu^2 - 1}{d}\right)^2 \frac{1}{\lambda^4} \frac{1}{N}$$

$\omega$ désignant le demi-diamètre apparent du Soleil, $p$ et $g$ la pression atmosphérique et l'accélération de la pesanteur au lieu de l'observation, M la molécule-gramme d'air ($28^g,8$), $\dfrac{\mu^2 - 1}{d}$ le pouvoir réfringent de l'air (Lorentz), et N la constante d'Avogadro. Langevin a retrouvé la même équation ($\mu^2$ remplacé par la constante diélectrique K) en développant une théorie électromagnétique simple. Dans l'une ou l'autre théorie, la formule précédente s'obtient en ajoutant les intensités de la lumière diffractée par les molécules individuelles (*supposées distribuées de façon parfaitement irrégulière*).

C'est précisément cette même formule qu'on retrouve (pour $\beta = 90°$) en appliquant la formule de Keesom, comme le fit observer Einstein.

On voit que l'extrême violet du spectre doit être 16 fois plus diffracté que l'extrême rouge (dont la longueur d'onde est 2 fois plus grande), et cela correspond bien à la couleur du ciel (qu'aucune autre hypothèse n'a réussi à expliquer).

La formule précédente ne tient pas compte de la lumière réfléchie par le sol. L'éclat du ciel serait doublé par un sol parfaitement réfléchissant (ce qui équivaudrait à illuminer l'air par un second soleil). Avec un sol couvert de neige ou de nuages, le pouvoir réfléchissant est peu éloigné de 0,7 et l'éclat du ciel est 1,7 fois celui qui serait dû au Soleil seul.

Le contrôle expérimental doit être réalisé à une hauteur suffisante pour éviter les perturbations dues aux poussières (fumées, gouttelettes, etc.). La première indication d'un tel contrôle a été tirée par lord Kelvin d'anciennes expériences de Sella qui, du sommet du mont Rose, comparant au même instant l'éclat du Soleil pour la hauteur $40°$ et l'éclat du ciel au zénith, a trouvé un rapport égal à 5 millions. Cela donne pour

$N.10^{-22}$ (en tenant compte de l'indétermination sur les longueurs d'onde), une valeur comprise entre 30 et 150. L'ordre de grandeur était grossièrement retrouvé.

MM. Bauer et Moulin[1] ont fait construire un appareil permettant la comparaison spectrophotométrique et ont fait quelques mesures préliminaires au mont Blanc, par un ciel malheureusement peu favorable[2]. Les comparaisons (pour le vert) donnent, pour $N.10^{-22}$, des nombres compris entre 45 et 75.

Une longue série de mesures vient enfin d'être faite au mont Rose, avec le même appareil, par M. Léon Brillouin, mais leur dépouillement (étalonnage de plaques absorbantes et comparaison des clichés) n'est pas terminé. Sans préjuger la précision de ces mesures, il n'est dès à présent pas douteux que la théorie de Lord Rayleigh se vérifie et que la coloration bleue du ciel, qui nous est si familière, soit un des phénomènes par lesquels se traduit à notre échelle la structure discontinue de la matière.

**84. — Fluctuations chimiques.** — Nous n'avons pas cherché jusqu'ici à faire une théorie cinétique des réactions chimiques ; sans nous engager bien avant dans cette voie, nous pouvons utilement faire quelques remarques faciles.

Bornons-nous à considérer deux types de réac-

1. *Comptes rendus*, 1910.

2. La présence de gouttelettes fait trouver pour N une valeur trop faible, et d'autant plus que la longueur d'onde de comparaison sera plus grande.

tions particulièrement importants et simples, qui, au reste, par addition ou répétition, peuvent en définitive donner toutes les réactions. C'est d'une part la *dissociation* ou rupture d'une molécule en molécules plus simples ou en atomes ($I_2$ en $2\,I$ ; $N_2O_4$ en $2\,NO_2$ ; $PCl_5$ en $PCl_3 + Cl_2$ ; etc.), exprimée par le symbole général

$$A \rightarrow A' + A''$$

et d'autre part la *construction* d'une molécule, phénomène inverse exprimable par le symbole

$$A \leftarrow A' + A''.$$

Si à température donnée, deux transformations inverses s'équilibrent exactement :

$$A \rightleftarrows A' + A''$$

en sorte que dans tout espace *à notre échelle* les quantités des composants restent fixes, nous disons qu'il y a équilibre chimique, qu'il ne se passe plus rien.

En réalité les deux réactions se poursuivent, et à chaque instant il se brise en certains points un nombre immense de molécules A, tandis qu'en d'autres points il s'en reforme en quantité équivalente. Je ne crois pas qu'on puisse douter qu'on pourrait percevoir à un grossissement suffisant, dans des espaces microscopiques, des fluctuations incessantes dans la composition chimique. L'équilibre chimique des fluides, aussi bien que leur équilibre physique, n'est qu'une illusion qui correspond à un régime permanent de transformations qui se compensent.

Une théorie quantitative de ce mouvement brownien chimique n'a pas été développée. Mais, même qualitative, cette conception cinétique de l'équilibre a rendu de très grands services. Elle est le fondement réel de tout ce qui, dans la mécanique chimique, se rapporte aux vitesses de réaction (*loi d'action de masse*).

**85. — Fluctuations de l'orientation moléculaire. —** Dans le même groupe de phénomènes que le mouvement brownien, et les fluctations de densité ou de composition, vient se ranger le phénomène remarquable découvert par Mauguin au cours de ses belles études sur les liquides cristallisés.

On sait, depuis les célèbres travaux de Lehmann, qu'il existe des liquides qui présentent au point de vue optique, quand ils sont *en équilibre*, la symétrie des cristaux uniaxes, en sorte qu'une lame de l'un de ces liquides, observée au microscope entre un polariseur et un analyseur à l'extinction, rétablit la lumière, exception faite pour le cas où l'orientation cristalline du liquide est parallèle au rayon qui le traverse. Cependant, quand cette lumière est très intense, on s'aperçoit que l'extinction n'est pas rigoureuse pour cette orientation et qu'une incessante scintillation, un fourmillement lumineux, se manifeste en tous les points du champ, donnant une faible lumière qui varie rapidement de place en place et d'instant en instant [1]. Mauguin a aussitôt rapproché ce

---

1. Cette apparence est facile à observer sur le paraazoxyanisol, coulé en lame mince entre deux lames de verre bien propres (qui

phénomène du mouvement brownien, et il paraît, en effet, difficile de l'expliquer autrement que par l'agitation moléculaire, qui écarte sans cesse, de façon irrégulière, les axes des molécules de leur direction d'équilibre. Des fluctuations analogues doivent intervenir dans *l'aimantation* des corps ferromagnétiques, et sans doute la théorie du ferromagnétisme (P. Weiss) et celle des liquides cristallisés se réduiront l'une à l'autre.

imposent alors à l'axe cristallin la direction perpendiculaire aux surfaces des lames) et maintenu à une température comprise entre 138° et 165° (au delà de ces températures, il y a changement d'état).

# CHAPITRE VI

## LA LUMIÈRE ET LES QUANTA

### Le corps noir.

**86.** — **Toute cavité complètement enclose dans de la matière de température uniforme est pleine de lumière en équilibre statistique.** — Lorsqu'un fluide emplit une enceinte, l'agitation moléculaire, d'autant plus vive que la température est plus élevée, transmet de proche en proche les actions thermiques, et le degré de cette agitation donne une mesure de la température une fois que l'équilibre est établi. Mais nous savons aussi qu'en l'absence même de toute matière intermédiaire, la température de l'espace intérieur à une enceinte close *isotherme* (c'est-à-dire de température uniforme) garde une signification physique déterminée ; nous savons qu'un thermomètre finit toujours par donner la même indication (c'est-à-dire par arriver au même état final) en un point quelconque d'une enceinte *opaque* entourée d'eau bouillante, que cette enceinte contienne un fluide quelconque ou qu'elle soit rigoureusement *vide*. L'action subie par le thermomètre est dans ce dernier cas transmise seulement par *rayonnement* à partir des divers points de l'enceinte.

Ce rayonnement est visible ou non suivant la température de l'enceinte (glacière, étuve, ou four incandescent) mais cette visibilité, importante seulement pour nous, ne mérite pas d'être considérée comme un caractère essentiel de la radiation qui, au sens général du mot, est de la *lumière*, et traverse le vide avec la vitesse invariable de 300.000 kilomètres par seconde.

En disant que l'enceinte est close et qu'elle est opaque, nous entendons qu'aucune influence thermique ne peut s'exercer par rayonnement entre deux objets dont l'un est intérieur et l'autre extérieur à l'enceinte [1]. C'est à cette condition qu'un thermomètre intérieur à l'enceinte atteint et garde un état invariable bien défini. Cela ne signifie pas, au reste, qu'alors il ne se passe plus rien dans la région où se trouve le thermomètre indicateur, région qui ne cesse pas de recevoir les radiations émises par les divers points de l'enceinte. Mais la fixité de l'indication donnée par l'instrument récepteur nous prouve que cette région ne change plus de propriétés, se maintient dans un état *stationnaire*.

Cet état stationnaire d'un espace que traverse continuellement et en tous sens de la lumière est en réalité un régime permanent de changements extrêmement rapides dont le détail nous échappe, pour les espaces et les durées qui sont à notre échelle, comme nous échappait déjà l'agitation

---

1. Il est évident qu'on pourrait par des lentilles concentrer la lumière venue de l'extérieur sur un thermomètre suspendu dans une cavité pratiquée dans un bloc de glace *transparent*, et lui faire marquer telle température qu'on voudrait.

pourtant bien plus grossière des molécules d'un fluide en équilibre. On peut en effet comparer à beaucoup d'égards les deux sortes de régimes permanents qui constituent l'équilibre thermique des fluides, que nous avons longuement étudié, et l'équilibre thermique de la lumière, dont je veux maintenant préciser la notion.

J'ai rappelé qu'en tout point intérieur à une cavité close dont les parois ont une température fixée, un thermomètre marque invariablement la température qu'il marquerait au contact même de ces parois. Cela reste vrai, que l'enceinte soit en porcelaine ou en cuivre, grande ou petite, prismatique ou sphérique. Plus généralement, quel que soit le moyen d'investigation employé, nous ne découvrons absolument aucune influence de la nature, de la grandeur ou de la forme de l'enceinte sur l'état stationnaire de la radiation en chaque point, état que détermine complètement la seule température de cette enceinte.

De là résulte que toutes les directions qui passent par un point sont équivalentes. Il serait complètement sans effet de disposer des lentilles ou des miroirs de quelque façon que ce fût, à l'intérieur d'un four incandescent ; température ni couleur ne seraient nulle part changées et il ne se formerait pas d'images. Ou, si on préfère, le point image d'un point de la paroi ne se distinguerait par aucune propriété d'un quelconque des autres points intérieurs au four. Un œil qui pourrait subsister à la température de l'enceinte ne pourrait distinguer aucun objet, aucun contour, et percevrait seulement une illumination générale uniforme.

Une autre conséquence nécessaire de l'existence d'un régime stationnaire est que la *densité* W de la lumière (quantité d'énergie contenue dans 1 centimètre cube) aura pour chaque température une valeur bien déterminée. De même, si l'on considère dans l'enceinte un contour fermé plan de 1 centimètre carré de surface, la quantité de lumière qui passe au travers de ce contour en une seconde, mettons de la gauche vers la droite d'un observateur couché le long du contour et regardant vers l'intérieur, est à chaque instant égale à la quantité de lumière qui passe pendant le même temps dans le sens inverse, et a une valeur bien déterminée E proportionnelle à la densité W de la lumière en équilibre à cette température. De façon plus précise, si $c$ désigne la vitesse de la lumière, on voit, par une sommation assez facile, que E est égal à $\dfrac{Wc}{4}$. Il est au reste évident que, en toute rigueur, les quantités de lumière E ou W subissent des *fluctuations* (négligeables pour l'échelle de grandeur dont nous nous occuperons).

**87. — Corps noir. — Loi de Stefan. —** On arrive de façon simple à connaître la densité de la lumière en équilibre dans une enceinte isotherme en pratiquant une petite ouverture dans la paroi de cette enceinte et en étudiant le rayonnement qui s'échappe par cette ouverture. Si en effet l'ouverture est assez petite, la perturbation produite dans la radiation intérieure à l'enceinte est négligeable. La quantité de lumière qui sort en une seconde par l'orifice de surface $s$ est donc simplement la quantité $(s \times E)$ qui vient frapper dans le même temps n'importe quelle surface égale de la paroi.

Naturellement, aucune direction de sortie ne sera privilégiée. Si donc, ainsi qu'il est facile, on regarde au travers de l'ouverture, on ne pourra distinguer dans l'enceinte aucun détail de forme et l'on aura l'impression singulière d'un gouffre lumineux qui ne laisse rien percevoir. Et l'on sait bien en effet que si on regarde par une trop petite ouverture dans un creuset éblouissant contenant du métal en fusion, il est impossible de voir le niveau du liquide. Ce n'est pas seulement aux basses températures qu'on ne peut rien distinguer dans un four.

Pas plus aux hautes qu'aux basses températures, on ne pourra, au reste, *éclairer* notablement le dedans du four (de manière à en rendre la forme visible) par un rayon de lumière venu de l'extérieur au travers de la petite ouverture. Cette lumière auxiliaire une fois entrée, s'épuisera par des réflexions successives sur les parois et n'aura aucune chance de ressortir en quantité notable par l'ouverture qu'on a supposée très petite. Cette ouverture doit être appelée parfaitement *noire* si nous pensons que le caractère essentiel d'un corps noir est de ne rien renvoyer de la lumière qu'il reçoit. Quant au *pouvoir émissif* du corps noir ainsi défini, il sera donné par le produit $sE$ plus haut considéré.

Il n'est maintenant pas bien difficile de concevoir comment, en disposant en face l'un de l'autre deux corps noirs de ce genre, de température T et $t$, dont l'un fonctionne comme calorimètre, on pourra mesurer l'excès de l'énergie envoyée de la source chaude dans la source froide, sur celle qu'envoie la source froide dans la source chaude. On a pu ainsi vérifier (c'est la loi de Stefan), que le pouvoir émissif d'un corps noir est proportionnel à la quatrième puissance $T^4$ de la température absolue,

$$E = \sigma T^4$$

le coefficient $\sigma$ désignant la « constante de Stefan ».

On voit combien le pouvoir émissif grandit rapidement quand la source s'échauffe : en doublant la température, on multiplie par 16 l'énergie rayonnée.

Cette loi a été vérifiée dans un grand intervalle de température (depuis la température de l'air liquide jusqu'à celle de la fusion du fer); pour des raisons théoriques dont il serait trop long de parler ici, on est enclin à la regarder comme rigoureuse, et non pas seulement comme approchée.

On retiendra facilement la valeur de la constante de Stefan en se rappelant que dans une enceinte entourée de glace fondante chaque centimètre carré de surface noire à la température de l'eau bouillante perd en 1 minute à peu près 1 calorie de plus qu'il ne reçoit (plus exactement 1,05 calories, soit 1,05 . 4,18 . $10^7$ ergs en 60 secondes). Cela fait en unités C. G. S.

$$\frac{1,05 . 4,18 . 10^7}{60} = \sigma [373^4 - 273^4]$$

soit, sensiblement 6,3 . $10^{-5}$ pour valeur de $\sigma$.

La densité de la lumière en équilibre thermique pour la température T, proportionnelle au pouvoir émissif E, est donc proportionnelle à $T^4$, et de façon plus précise elle est égale à $\left(4 \dfrac{\sigma}{c} T^4\right)$ soit à $4 \dfrac{6,3 . 10^{-5}}{3 . 10^{10}} T^4$ ou à $8,4 . 10^{-15} T^4$. Extrêmement faible à la température ordinaire, elle s'élève très rapidement. Enfin la chaleur spécifique du vide (chaleur nécessaire pour élever de $1°$ la température de la radiation contenue dans un centimètre cube) grandit proportionnellement au cube de la température absolue[1].

**88. — Composition de la lumière émise par un corps noir.** — On peut recevoir sur un prisme, ou mieux sur la fente d'un spectroscope, la lumière complexe qui s'échappe par une petite ouverture pratiquée dans une enceinte isotherme. On voit alors que cette lumière se comporte toujours comme ferait la superposition d'une infinité continue de lumières simples monochromatiques ayant chacune sa longueur d'onde, et donnant chacune au travers de l'appareil une image de la fente. La

---

1. C'est en effet la dérivée par rapport à T de W, égale à $33,6 . 10^{-15} T^3$ ; pour une température de 10 millions de degrés (centre du soleil ?) elle serait de l'ordre de la chaleur spécifique de l'eau à la température ordinaire.

suite de ces images (ou raies spectrales) n'offre pas d'interruption et forme une bande lumineuse continue qui est le *spectre* du corps noir étudié. (Il est bien entendu que ce spectre ne se borne pas à la partie qui en est visible et comprend une partie infrarouge et une partie ultraviolette.)

Il est alors aisé, au moyen d'écrans, de faire entrer dans un corps noir récepteur faisant fonction de calorimètre, seulement l'énergie qui correspond à une bande étroite du spectre dans laquelle la longueur d'onde est comprise entre $\lambda$ et $\lambda'$. La quantité Q d'énergie reçue, divisée par $(\lambda' - \lambda)$ tendra vers une limite $\Im$ quand, la bande devenant de plus en plus étroite, $\lambda'$ tendra vers $\lambda$. Cette limite $\Im$ définit l'*intensité* de la lumière de longueur d'onde $\lambda$ dans le spectre du corps noir. Portant la longueur d'onde en abscisses et cette intensité en ordonnées, on obtiendra la *courbe de répartition de l'énergie globale du spectre en fonction de la longueur d'onde*. On a ainsi constaté depuis longtemps que l'intensité, négligeable pour l'extrême infrarouge et l'extrême ultraviolet, présente toujours un maximum dont la position varie suivant la température, se déplaçant vers les petites longueurs d'onde (c'est-à-dire vers l'ultraviolet) à mesure que la température du corps noir étudié s'élève.

Ce sont là des indications qualitatives. Une loi précise a été trouvée par Wien, qui a réussi à prouver que les principes de la thermodynamique, sans donner la loi de répartition cherchée, restreignaient beaucoup les formes *a priori* possibles pour cette loi. D'après ces raisonnements, dont l'exposé m'entraînerait trop loin, le produit de l'intensité par la cinquième puissance de la longueur d'onde ne dépend que du produit $\lambda T$ de cette longueur d'onde par la température absolue

$$\mathfrak{I} = \frac{1}{\lambda^5}\,f(\lambda T)$$

$f$ étant une fonction qui reste à déterminer. De là résulte que si la courbe de répartition présente un maximum pour une certaine température, elle en présentera un pour toute autre, et que la position du maximum variera en raison inverse de la température absolue

$$\lambda_M T = \lambda'_M T' = \text{constante}$$

l'expérience a en effet prouvé que ce produit $\lambda_M T$ est constant, et que l'on a sensiblement

$$\lambda_M T = 0{,}29$$

en sorte que, à 2 900° (température peu inférieure à celle de l'arc électrique) l'intensité maximum correspond à une longueur d'onde de 1 micron, et se trouve encore dans l'infrarouge. Pour une température double, d'environ 6 000° (température du corps noir qui, mis à la place du soleil, nous enverrait autant de lumière que lui) le maximum se trouve dans le jaune.

La position du maximum est donc fixée. On déduit encore de l'équation de Wien que l'intensité maximum est proportionnelle à la cinquième puissance de la température absolue, 32 fois plus grande, par exemple, à 2 000° qu'à 1 000°.

Il reste à obtenir la forme de la fonction $f$. Beaucoup de physiciens l'ont tenté sans y réussir. Planck, enfin, a proposé une expression qui représente fidèlement toutes les mesures [1] dans un domaine qui va de 1 000° à 2 000° pour les températures (absolues) et de 60 microns à 1/2 micron pour les longueurs d'ondes. L'équation de Planck peut s'écrire :

$$\eth = \frac{C_1}{\lambda^5} \; \frac{1}{e^{\frac{C_2}{\lambda T}} - 1}$$

où $C_1$ et $C_2$ désignent deux constantes, et $e$ la base des logarithmes népériens (soit à peu près 2,72).

**89.** — **Les quanta.** — La formule trouvée par Planck (1901) marque une date importante dans l'histoire de la physique. Elle a en effet imposé des idées toutes nouvelles et au premier abord bien étranges sur les phénomènes périodiques.

Les rayons émis par un corps noir sont, comme nous avons vu, identiques à ceux qui, dans l'enceinte isotherme elle-même, traversent à chaque instant une section égale à celle de l'ouverture. En sorte que, en trouvant la composition spectrale de la lumière émise, on a trouvé du même coup la composition de la lumière en équilibre statistique qui emplit une enceinte isotherme.

---

1. Lummer, Kurlbaum, Paschen, Rubens (extrême infrarouge). Warburg, d'autres encore, ont fait ces belles et difficiles mesures.

Pour obtenir théoriquement cette composition, rappelons-nous d'abord que, suivant une hypothèse à peine discutée aujourd'hui, toute lumière monochromatique est formée par des ondes électriques et magnétiques émises par le déplacement oscillatoire de charges électriques dans la matière[1]. Réciproquement et par résonance, un oscillateur électrique (où la charge électrique mobile sera mise en vibration par le champ électrique des ondes qui le rencontrent successivement) peut absorber de la lumière qui a précisément la période de l'oscillateur.

Imaginons, dans l'enceinte isotherme, un grand nombre d'oscillateurs linéaires identiques (par exemple ce seront peut-être des atomes de sodium, accordés sur la lumière jaune, si connue de tous, que donne une flamme d'alcool salé). Pour cette période, la lumière qui emplit l'enceinte doit être en équilibre statistique avec ces résonateurs, leur donnant pendant chaque durée très courte autant d'énergie qu'elle en reçoit. Si E désigne l'énergie moyenne des oscillateurs, Planck trouve alors que, en conséquence des lois de l'électrodynamique, la densité $w$ de la lumière pour la longueur d'onde $\lambda$ est proportionnelle à E, et de façon plus précise est donnée par l'équation

$$w_\lambda = \frac{8\pi}{\lambda^4}\, E$$

en sorte que, pour satisfaire à ce résultat d'expé-

1. Le champ électrique et le champ magnétique en un point de l'onde sont constamment dans le plan tangent à l'onde (les vibrations lumineuses sont transversales) et ils sont perpendiculaires l'un à l'autre.

rience que la densité du rayonnement est infiniment petite pour les très courtes longueurs d'onde, il faut que l'énergie moyenne E des oscillateurs devienne extrêmement petite quand la fréquence devient très grande.

Or les oscillateurs qui sont en équilibre thermique avec le rayonnement, doivent être aussi bien en équilibre thermique avec un gaz qui emplirait l'enceinte à la température considérée. En d'autres termes, l'énergie moyenne d'oscillation doit être ce qu'elle serait si elle était seulement entretenue par les chocs des molécules du gaz. Dans le cas où l'énergie de l'oscillation est susceptible de variation continue, comme déjà nous avons eu occasion de le dire (*43*) l'énergie cinétique de l'oscillation serait en moyenne égale à $\dfrac{1}{2} \dfrac{R}{N} T$, soit au tiers de l'énergie cinétique d'une molécule du gaz, c'est-à-dire serait indépendante de la période : la densité du rayonnement deviendrait infinie pour les très petites longueurs d'onde, ce qui est *grossièrement faux*.

Il faut donc admettre que l'énergie de chaque oscillateur varie de façon discontinue. Planck a supposé qu'elle varie par quanta égaux, en sorte que chaque oscillateur contient toujours un nombre entier d'atomes d'énergie, de *grains d'énergie*. La valeur E de ce grain d'énergie ne dépendrait pas de la nature de l'oscillateur, mais dépendrait de sa fréquence $\nu$ (nombre de vibrations par seconde) et lui serait proportionnelle (10 fois plus grande, par exemple, si la fréquence est 10 fois plus grande) ; E serait donc égal à $h\nu$, en désignant par $h$ une constante universelle (constante de Planck).

Si on fait ces hypothèses, au premier abord si étranges (et par là d'autant plus importantes si elles sont vérifiées) il n'est plus du tout exact que l'énergie *moyenne* E d'un oscillateur *linéaire*[1] de la fréquence considérée soit égale au tiers de l'énergie que possède en moyenne une molécule du gaz. Et l'énumération statistique de tous les cas possibles[2] montre qu'on doit avoir, N étant le nombre d'Avogadro, pour qu'il y ait équilibre statistique, par chocs, entre les molécules du gaz et les oscillateurs,

$$E = \frac{h\nu}{e^{\frac{N h\nu}{RT}} - 1}$$

ou bien en nous rappelant que la vitesse $c$ de la lumière vaut $\nu$ fois la longueur d'onde $\lambda$ qui correspond à cette fréquence $\nu$

$$E = \frac{ch}{\lambda}\,\frac{1}{e^{\frac{N}{R}\frac{ch}{\lambda T}} - 1}$$

d'où résulte enfin pour $w_\lambda$ égal à $\dfrac{8\,\pi\,E}{\lambda^4}$

$$w_\lambda = \frac{8\pi ch}{\lambda^3}\,\frac{1}{e^{\frac{N}{R}\frac{ch}{\lambda T}} - 1}$$

---

1. Un oscillateur à 3 degrés de liberté aurait une énergie moyenne triple.

2. Nernst fait très rapidement le calcul, en admettant que le nombre des oscillateurs qui, par exemple, possèdent l'énergie $3\varepsilon$ est égal au nombre de ceux qui auraient, si l'énergie variait de façon continue, une énergie comprise entre $3\varepsilon$ et $4\varepsilon$. (Le nombre de ceux qui sont en repos complet étant donc égal au nombre de ceux qui auraient dans le cas de la continuité une énergie inférieure à $\varepsilon$.)

c'est-à-dire précisément l'équation que vérifie l'expérience (*88*), puisque la densité $w_\lambda$ est simplement égale au pouvoir émissif $\delta_\lambda$ divisé par le quart de $c$.

C'est un grand succès déjà pour la théorie dont je viens de donner l'idée que d'avoir conduit à la découverte de la loi qui fixe pour chaque température la composition du rayonnement isotherme. Mais une vérification plus frappante encore est donnée par l'accord entre les valeurs déjà obtenues pour le nombre d'Avogadro et celle que l'on peut tirer de l'équation de Planck.

**90**. — **Le rayonnement qu'émet un corps noir permet de déterminer les grandeurs moléculaires**. — On voit en effet que dans cette équation tout est mesurable ou connu, sauf le nombre N (qui exprime la discontinuité moléculaire) et la constante $h$ (qui exprime la discontinuité de l'énergie d'oscillation). Ces nombres N et $h$ seront donc déterminés si seulement on a deux bonnes mesures de pouvoir émissif pour des valeurs différentes de la longueur d'onde $\lambda$ ou de la température T (mais naturellement il sera préférable de faire intervenir dans cette détermination toutes les mesures jugées bonnes, et non pas seulement deux). L'utilisation des données qui semblent en ce moment les plus sûres conduit ainsi pour $h$ à la valeur

$$h = 6{,}2 \cdot 10^{-27}$$

et conduit pour N à la valeur

$$N = 64 \cdot 10^{22}$$

l'erreur pouvant être de 5 p. 100 en plus ou en moins.

La concordance avec les valeurs déjà trouvées par N est on peut dire merveilleuse. Du même coup nous avons conquis un nouveau moyen pour déterminer avec précision les diverses grandeurs moléculaires.

## Extension de la théorie des quanta.

**91. — Chaleur spécifique des solides.** — Par une extension hardie de la conception due à Planck, Einstein a réussi à rendre compte de l'influence de la température sur la chaleur spécifique des solides. Sa théorie, à laquelle nous avons déjà fait allusion (*44*) consiste à admettre que, dans un corps solide, chaque atome est sollicité vers sa position d'équilibre par des forces élastiques, en sorte que, s'il en est un peu écarté, il vibre avec une période déterminée. A la vérité, comme les atomes voisins vibrent également, la fréquence ainsi définie n'est pas pure, et l'on doit avoir à considérer un domaine de fréquences plus analogue à une bande qu'à une raie spectrale. Néanmoins, en première approximation, on peut se borner à traiter le cas d'une fréquence unique.

Ceci admis, Einstein suppose, bien que l'oscillateur réalisé par chaque atome ne soit pas nécessairement un oscillateur électrique, que son énergie doit être, comme pour les oscillateurs de Planck un multiple entier de $h\nu$. Son énergie moyenne, à chaque température a donc la valeur

$$\frac{3h\nu}{e^{\frac{N}{RT}h\nu} - 1}$$

qui correspond, comme nous l'avons dit, à un oscillateur qui peut subir des déplacements dans tous les sens. L'énergie contenue dans un atome-gramme sera N fois plus grande, et l'accroissement par degré de cette énergie ou chaleur spécifique de l'atome-gramme, sera donc calculable [1]. L'expression ainsi trouvée pour la chaleur spécifique tend bien vers zéro, conformément aux résultats de Nernst, quand la température s'abaisse, et vers 3 R ou 6 calories, conformément à la loi de Dulong et Petit, quand la température s'élève (cette dernière limite étant d'autant plus vite atteinte que la fréquence propre $\nu$ est plus faible). Dans l'intervalle, non sans écarts systématiques explicables par les approximations faites (nous avons dit que la fréquence ne pouvait être bien définie) cette expression représente remarquablement l'allure de la chaleur spécifique. Elle définit, si on l'ignore, la fréquence $\nu$ de la vibration de l'atome.

Il est bien remarquable que la fréquence ainsi calculable concorde avec celle que font prévoir d'autres phénomènes. C'est le cas pour l'absorption des lumières de grande longueur d'onde par des corps comme le quartz ou le chlorure de po-

---

1. Ce sera tout simplement la dérivée, par rapport à la température, de l'énergie contenue dans un atome-gramme.

tassium (expériences de Rubens). Cette absorption accompagnée de réflexion « métallique » se comprend si cette lumière est en résonance avec les atomes du corps, et par suite a la fréquence qu'on peut déduire de la chaleur spécifique. Et c'est bien sensiblement ce qui arrive (Nernst).

De même encore on conçoit (Einstein) que les propriétés élastiques des corps solides donnent un moyen de prévoir la fréquence des vibrations d'un atome écarté de sa position d'équilibre. Le calcul a été fait approximativement par Einstein pour la *compressibilité*; appliqué à l'argent, il fait prévoir comme fréquence de l'atome la valeur $4.10^{12}$, et l'étude des chaleurs spécifiques donne $4,5.10^{12}$. Je dois me borner à ces allusions, et renvoyer, pour plus amples détails, aux beaux travaux de Nernst, Rubens et Lindemann [1].

**92. — Discontinuité des vitesses de rotation.** — Si l'on se rappelle que déjà nous avons été forcés d'admettre avec Nernst (45) que l'énergie de rotation d'une molécule varie de façon discontinue, on acceptera peut-être d'étendre aux rotations, avec même valeur pour la constante universelle $h$, la loi de discontinuité qui règle l'énergie des oscillateurs. Et il y a bien analogie d'une certaine sorte entre la rotation d'un corps sur lui-même, et l'oscillation d'un pendule (ou la course d'une planète), puisque dans les deux cas, il y a pério-

---

1. Ce dernier savant prévoit la fréquence propre à partir de la température de fusion du solide ; il suppose que le corps se liquéfie quand l'amplitude de l'oscillation des atomes devient sensiblement égale à leur distance moyenne.

dicité. Une différence évidente est que le pendule (ou la planète) a une période propre bien définie tandis que lorsqu'une boule est en repos, on ne peut du tout prévoir pour elle une période de rotation déterminée. Si pourtant nous généralisons le résultat de Planck nous devrons dire :

*Quand un corps tourne à raison de $\nu$ tours par seconde, son énergie vaut un nombre entier de fois le produit $h\nu$.*

Comme $2\pi\nu$ est la vitesse angulaire de rotation (angle décrit en 1 seconde) cette énergie cinétique de rotation est d'autre part égale au produit $\frac{1}{2} I (2\pi\nu)^2$, où $I$ désigne le moment d'inertie [1] du corps (autour de l'axe de rotation). Il faudrait donc admettre, $p$ désignant un nombre entier :

$$\frac{1}{2} I . 4\pi\nu^2 = ph\nu$$

ou bien

$$\nu = p \frac{h}{2\pi^2 I}$$

ainsi le nombre de tours par seconde vaudrait nécessairement ou bien 1 fois, ou bien 2 fois ou bien 3 fois, une certaine valeur $t$ égale à $\left(\frac{h}{2\pi^2 I}\right)$. Les vitesses de rotation intermédiaires seraient impossibles.

### 93. — Rotations instables. — Ce résultat surprend et au reste il paraît inconcevable que le

---

1. On sait que l'énergie de rotation d'un solide qui tourne avec la vitesse angulaire $\omega$ est $\frac{1}{2} I\omega^2$ (ce qui peut définir le moment d'inertie I).

nombre de tours passe de la valeur $t$ à la valeur $2t$ ou $3t$ sans prendre les valeurs intermédiaires. Je suppose que ces vitesses intermédiaires sont *instables*, et que si par exemple le corps en rotation reçoit une impulsion qui lui communique une vitesse angulaire correspondant à 3,5 fois $t$ tours par seconde, un *frottement ou rayonnement d'espèce encore inconnue* [1] *se produit aussitôt qui ramène le nombre de tours par seconde à exactement 3 fois* t, *après quoi la rotation peut durer indéfiniment sans perte d'énergie*. En sorte que, sur un grand nombre de molécules, très peu seront dans un régime instable, et qu'on pourra dire en première approximation que, pour une molécule prise au hasard, la rotation, dans 1 seconde, est de $o$ tour, ou $t$ tours, ou $2t$ tours, ou $3t$ tours, etc. Et l'on pourra négliger les rares molécules dont l'énergie de rotation est en train de changer, comme on néglige pour un gaz les rares molécules en état de choc dont l'énergie cinétique est en train de changer.

**94. — La substance d'un atome est toute ramassée en son centre.** — Maintenant enfin nous sommes peut-être en état de comprendre à quoi tient que les molécules d'un gaz monoatomique tel que l'argon) ne se font pas tourner quand elles se heurtent (ou plus exactement ne conservent pas d'énergie de rotation), en sorte que la chaleur spé-

---

1. Se rattachant peut-être aux valeurs colossales de l'accélération (ou de la force centrifuge), au moins 1 trillion de fois plus grande que dans nos machines centrifuges ou nos turbines.

cifique $c$ du gaz est égale à 3 calories (*39*). Si la matière de l'atome est ramassée tout près du centre, le moment d'inertie sera très petit, la rotation minimum possible (dont la fréquence $\nu$ est $\frac{h}{2\pi^2 I}$) devient extrêmement rapide et le quantum $h\nu$ d'énergie de rotation grandit en conséquence. Si ce quantum est grand par rapport à l'énergie de translation que possèdent en moyenne les molécules (aux températures que nous réalisons) il n'arrivera pratiquement jamais qu'une molécule qui heurte une autre molécule puisse lui communiquer même la rotation minimum, et au contraire une molécule qui posséderait cette rotation a beaucoup de chance de la perdre dans un choc. Bref, à chaque instant, les molécules en rotation seront extrêmement peu nombreuses.

Puisque l'argon, en particulier, garde la chaleur spécifique 3 jusque vers 3 000°, c'est que, même à cette température élevée, l'énergie moléculaire de translation reste bien inférieure au quantum d'énergie qui correspond à la rotation minimum. Admettons simplement, ce qui est une évaluation sûrement trop faible, qu'elle vaut moins que la moitié de ce quantum. D'autre part, proportionnelle à la température absolue, elle est sensiblement 10 fois plus grande qu'à la température ordinaire, donc à peu près égale à $\frac{1}{2}\,10^{-12}$ ; le quantum $h\nu$ ayant pour expression $\frac{h^2}{2\pi^2 I}$ cela donne

$$\frac{1}{2}\,10^{-12} < \frac{1}{2}\,\frac{h^2}{2\pi^2 I}.$$

Remplaçant $h$ par sa valeur $6.10^{-27}$ nous

pouvons tirer de cette inégalité des conséquences intéressantes en ce qui regarde la fréquence et en ce qui regarde le moment d'inertie,

D'abord, si $h\nu$ est supérieur à $\frac{1}{2}\,10^{-12}$, on voit immédiatement que $\nu$ est certainement supérieur à $10^{14}$ :

*la plus faible vitesse de rotation stable correspond à plus que 1 milliard de tours en 1 cent-millième de seconde.*

Quant au moment d'inertie, on voit qu'il est inférieur à $2.10^{-42}$. Dans le cas où la masse $m$ qui forme l'atome d'argon (égale à 40 fois la masse, $1,5.10^{-24}$ de 1 atome d'hydrogène) occuperait avec une densité uniforme une sphère de diamètre $d$, son moment d'inertie serait $\dfrac{md^2}{10}$, et d'après l'inégalité qui précède, on aurait

$$d < 5,6.10^{-10}.$$

Si nous nous rappelons (67) que ce qu'on appelle ordinairement le diamètre de la molécule d'argon (et qui n'est réellement que son rayon de protection) est $2,8.10^{-8}$, nous voyons que la matière de l'atome est condensée dans un espace de dimensions *au moins* 50 fois plus petites, où la densité réelle (qui varie comme l'inverse du cube des dimensions) est sans doute bien plus grande que cent mille fois la densité de l'eau.

Et nous avons seulement supposé l'énergie cinétique moléculaire plus petite que la moitié du quantum de rotation. Si elle en était le huitième (évaluation encore bien modérée) nous trouverions un diamètre $d$ deux fois plus faible.

En définitive, je présume qu'on reste au-dessous de la vérité, en admettant que la matière des atomes est contractée dans un volume au moins *un million de fois plus faible* que le volume apparent qu'occupent ces atomes dans un corps solide et froid.

En d'autres termes, si nous imaginons les atomes d'un corps solide examinés à un grossissement tel que leurs centres paraissent distribués dans l'espace comme les centres d'une pile de boulets de 10 centimètres de diamètre, la matière qui correspond à chaque boulet n'occupera réellement qu'une sphère de diamètre inférieur au millimètre : nous pourrons penser à de petits grains de plomb en moyenne distants de 20 centimètres. Pour l'air, vu à ce grossissement, ces « grains de plomb » seraient en moyenne distants de 20 mètres.

On peut imaginer, bien entendu, qu'une partie extrêmement petite de l'atome reste éloignée de son centre, mais il faudra toujours admettre que la plus grande part de sa masse est rassemblée tout près du centre.

*Plus encore que nous le supposions, la matière est prodigieusement lacunaire et discontinue.*

Quant au rayon de protection, distance des centres au moment du choc, il définit comme déjà nous l'avions supposé, une distance pour laquelle la substance de l'atome exerce une force répulsive énorme sur la substance d'un autre atome. Nous verrons en parlant des rayons positifs rapides, que pour des distances plus petites, la répulsion redevient faible ou nulle. En d'autres termes, chaque atome est condensé au centre d'une mince *armure* sphérique, relativement très vaste, qui le protège contre l'approche des autres atomes. Cette comparaison est au reste imparfaite en ceci qu'une armure matérielle gêne aussi bien la sortie que l'entrée d'un projectile, alors qu'ici l'entrée seule est gênée.

**95. — Quantum de rotation d'une molécule polyatomique. — Distribution de la matière dans une molécule.** — Nous comprenons aussi maintenant comment même une moléule peut cesser de tourner aux très basses températures, bien que son moment d'inertie soit beaucoup plus grand que pour un atome isolé. Il suffira que l'énergie d'agitation moléculaire devienne faible par rapport au quantum de rotation $\dfrac{h^2}{2\,\pi^2\,I}$ de cette molécule. Cela se produira naturellement d'autant plus tôt que la molécule aura un plus faible moment d'inertie, et l'on comprend qu'on n'ait pu encore y parvenir que pour les molécules de l'hydrogène (*45*).

Soit $d$ la distance des centres des 2 atomes d'hydrogène qui forment une molécule $H^2$. Les masses sont concentrées en ces points et le moment $I$ d'inertie par rapport à un axe passant par le centre de gravité de la molécule et perpendiculaire à la ligne des centres sera

$$2.1,4.10^{-24}\left(\frac{d}{2}\right)^2.$$

Vers 30° absolus (température pour laquelle la

chaleur spécifique est sensiblement 3) le quantum $\frac{h^2}{2\pi^2 l}$ sera sûrement supérieur au double de l'énergie d'agitation moléculaire laquelle, à cette température est sensiblement $\frac{1}{2} 10^{-11}$. Il en résulte que la distance des centres est sûrement inférieure à $1,5.10^{-8}$, limite supérieure très acceptable si l'on songe que nous avons trouvé $2,1.10^{-8}$ comme diamètre de choc de la molécule d'hydrogène.

Un calcul un peu plus précis est possible si l'on connaît à 50° par exemple la petite différence entre la chaleur spécifique véritable et 3 calories. Il me paraît ainsi que la vitesse de rotation minimum pour la molécule d'hydrogène, perpendiculairement à la ligne des centres [1] correspond (très grossièrement), à $5.10^{12}$ tours par seconde, ce qui donnerait à la distance $d$ la valeur $10^{-8}$.

Il peut n'être pas sans intérêt de dessiner à l'échelle une molécule d'hydrogène en tâchant d'exprimer ces résultats, de la façon qui me semble la plus probable.

Presque toute la substance de la molécule est ramassée aux centres H' H'' des deux atomes. Autour de chaque atome, j'ai dessiné l'armure sphérique protectrice, qui doit passer un peu au delà de l'autre atome [2]. Les portions extérieures de ces

---

1. Parallèlement à la ligne des centres la fréquence minimum serait beaucoup plus élevée et du même ordre de grandeur que pour l'argon car le moment d'inertie autour de cette ligne doit être extrêmement faible.

2. Je présume qu'un atome *combiné* avec un autre est intérieur à l'armure de ce dernier atome.

sphères forment l'armure A de la molécule dans laquelle ne peut pénétrer (si du moins, sa vitesse ne dépasse pas beaucoup la vitesse d'agitation moléculaire), le centre d'aucun autre atome.

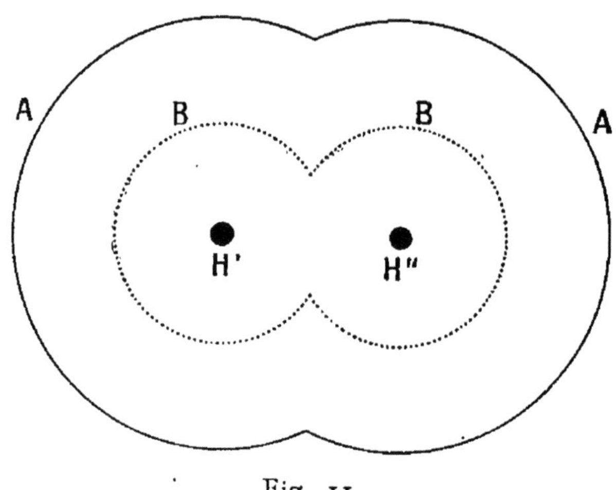


Fig. 11.

Le contour B est le contour considéré comme contour moléculaire de choc dans la théorie cinétique (il ne peut être entamé par le contour analogue B' d'une autre molécule). Si H' H" vaut $10^{-8}$ centimètre, on voit que les dimensions de ce contour ont grossièrement pour moyenne la valeur $2.10^{-8}$ assignée comme diamètre de choc à la molécule d'hydrogène. C'est là une vérification de la théorie des quanta de rotation.

On voit combien les atomes tiennent réellement peu de place dans l'édifice moléculaire. Il serait bien important de connaître la distribution du champ de force qui règne autour de chacun d'eux et en particulier de nous faire une idée précise des liaisons chimiques ou valences. Cette connaissance nous manque encore absolument.

Je voudrais à ce sujet ajouter une remarque qui fait comprendre la *solidité des valences* : Quand, vers 2 000°, l'haltère que forme une molécule d'hydrogène tourne, sans se casser, perpendiculairement à son axe avec une fréquence peu inférieure à cent mille milliards de tours par seconde, il faut bien que la liaison résiste à la force centrifuge. Une tige d'haltère qui aurait même solidité serait au moins mille fois plus tenace que l'acier.

**96. — C'est peut-être la lumière qui dissocie les molécules.** — J'ai à peine indiqué (*84*) la possibilité d'une théorie cinétique des réactions chimiques. Je voudrais signaler que la lumière joue peut-être en ces réactions un rôle capital.

Ce rôle me paraît prouvé par une loi bien généralement reconnue, sans qu'on ait je crois suffisamment signalé son interprétation moléculaire, véritablement surprenante, et qui en fait peut-être la loi fondamentale de la mécanique chimique (puisque tout équilibre chimique présuppose certaines dissociations moléculaires).

Suivant cette loi, la vitesse de dissociation à température constante, dans l'unité de volume d'un gaz A, par une réaction du genre

$$A \rightarrow A' + A'',$$

est proportionnelle à la concentration du gaz A, et peut n'être pas changée par l'addition de gaz étrangers à la réaction.

En d'autres termes, pour une masse donnée du corps A, la proportion transformée par seconde est indépendante de la dilution ; si la masse occupe 10 fois plus de place, avec une concentration donc 10 fois moindre, il s'en transformera 10 fois moins par litre, soit autant en tout. Par suite, et contrairement à ce qu'on est tenté de penser, *le nombre des chocs n'a aucune influence sur la vitesse de la dissociation.* Sur N molécules données de gaz A, que ce gaz soit relativement concentré ou mélangé de gaz étrangers (chocs fréquents) ou qu'il soit très dilué (chocs rares), il s'en brisera toujours autant par seconde (à la température considérée).

Il me semble que, pour une molécule déterminée, la valeur probable du temps qui serait nécessaire pour atteindre sous la seule influence des chocs un certain état *fragile* doit être d'autant plus faible que la molécule subit plus de chocs par seconde, et, cet état fragile supposé atteint, la valeur probable du temps nécessaire pour que la molécule subisse le genre de choc qui pourrait la briser doit être également d'autant plus faible que les chocs sont plus fréquents. Pour cette double raison, si les ruptures étaient produites par les chocs, elles deviendraient plus fréquentes (donc la dissociation plus rapide) quand la concentration du gaz augmenterait.

Comme cela n'est pas, c'est que la dissociation n'est pas due aux chocs. Ce n'est pas en se heurtant que les molécules se brisent, et nous pouvons dire :

*La probabilité de rupture d'une molécule ne dépend pas des chocs qu'elle subit.*

Puisque cependant la vitesse de dissociation dépend beaucoup de la température, nous sommes conduits à nous rappeler que l'influence de la température s'exerce par le rayonnement aussi bien que par les chocs moléculaires et à voir l'origine de la dissociation dans la *lumière* visible ou invisible qui emplit, en régime stationnaire, l'enceinte isotherme où se meuvent les molécules des gaz considérés.

*Il faudrait donc chercher dans une action de la lumière sur les atomes, un mécanisme essentiel de toute réaction chimique.*

# CHAPITRE VII

## L'ATOME D'ÉLECTRICITÉ

Nous avons vu comment les propriétés des électrolytes suggèrent l'existence d'une charge électrique indivisible, nécessairement portée un nombre entier de fois par chaque ion. Mais nous n'avons pas encore tenté la mesure *directe* de cette charge élémentaire, dont nous avons seulement *calculé* la valeur en divisant par le nombre N d'Avogadro la charge électrique (faraday) charriée dans l'électrolyse par 1 ion-gramme monovalent.

Or la mesure directe de très petites charges, jusqu'ici non réalisée dans les liquides, s'est trouvée facile dans les gaz, et a en effet démontré que ces charges sont toujours des multiples entiers d'une même quantité d'électricité dont la grandeur concorde avec celle qu'on avait calculée. Ces expérences, que je vais résumer, ont prouvé la structure discontinue de l'électricité, et donné encore un moyen nouveau d'obtenir les grandeurs moléculaires.

**97. — Rayons cathodiques et rayons X. Ionisation des gaz.** — On sait depuis Hittorf (1869) que, lorsqu'une décharge électrique traverse un gaz raréfié, la cathode émet des rayons qui marquent leur trajectoire par une faible luminosité du gaz résiduel, excitent de belles fluorescences sur les parois de verre où ils s'arrêtent, et sont déviés par les aimants. Si, en particulier, ils sont lancés à angle droit d'un champ magnétique uniforme, leur trajectoire est circulaire et perpendiculaire au champ.

Dès 1886, Sir W. Crookes a supposé que ces *rayons cathodiques* sont décrits par des projectiles électrisés négativement, issus de la cathode, et qui repoussés par elle, ont acquis une vitesse énorme. Mais il ne put, non plus que Hertz, prouver cette électrisation, et une théorie d'ondulations fut quelque temps en faveur, quand Hertz eut découvert que ces rayons traversent des pellicules de quelques microns d'épaisseur, et quand Lenard eut montré qu'on pouvait les laisser sortir du tube où se produit la décharge, au travers d'une feuille métallique encore assez forte pour tenir la pression atmosphérique. (On pouvait dès lors les étudier dans l'atmosphère, où ils se diffusent et s'arrêtent après quelques centimètres de parcours.)

On est pourtant décidément revenu à la théorie d'émission imaginée par Crookes, quand il a été prouvé [1] que réellement les rayons cathodiques charrient toujours avec eux de l'électricité néga-

---

1. Jean Perrin (*Comptes Rendus*, 1895 et *Ann. de Ch. et Phys.*, 1897). J'ai montré que ces rayons introduisent avec eux de l'électricité négative dans une enceinte métallique complètement close, et que de plus ils sont déviés par un champ électrique.

tive dont on ne peut absolument pas les séparer, même en leur faisant traverser une feuille de métal.

Rappelons enfin que tout obstacle frappé par les rayons cathodiques émet ces rayons X dont la découverte par Rœntgen (1895) a marqué le début d'une ère nouvelle pour la physique.

Comme les rayons cathodiques, les *rayons X* excitent des fluorescences variées, et impressionnent les plaques photographiques. Ils en diffèrent profondément en ce qu'ils ne transportent pas de charge électrique et par suite ne sont déviés ni par les corps électrisés, ni par les aimants. Tout le monde sait aussi qu'ils ont un pouvoir pénétrant plus considérable, et qu'ils ne peuvent être ni réfléchis, ni réfractés, ni diffractés, en sorte que, s'ils sont formés par des ondes, ces ondes sont beaucoup plus courtes que celles de l'extrême ultra-violet $(o\mu,1)$ jusqu'ici étudié[1].

Il fut tout de suite observé que les rayons X « déchargent les corps électrisés ». Une analyse précise du phénomène[2] a montré que ces rayons produisent dans les gaz qu'ils traversent des centres chargés des deux signes, ions mobiles qui

---

1. Une discussion approfondie de très faibles apparences de diffraction conduit à penser qu'ils sont réellement formés par des ondes, à peu près 1 000 fois plus minces que celle de cet extrême ultra-violet, c'est-à-dire, grossièrement, d'épaisseur peu inférieure au diamètre de choc d'un atome (*Sommerfeld*).

2. Jean Perrin, « Mécanisme de la décharge des corps électrisés par les rayons X », *Eclairage électrique*, juin 1896 ; *Comptes Rendus*, août 1896 ; *Ann. de Ch. et Physique*, août 1897. Sir J. Thomson et Rutherford sont de leur côté arrivés peu après aux mêmes conclusions, par des expériences toutes différentes. M. Righi les a également ment retrouvées.

se recombinent bientôt sur place en l'absence de champ électrique, mais qui sous l'action d'un champ se meuvent en sens inverse le long des lignes de force, jusqu'à ce qu'ils soient arrêtés par un conducteur, qu'ils déchargent (ce qui permet la mesure de l'ionisation du gaz), ou par un isolant, qu'ils chargent. A partir du moment où les ions des deux signes sont amenés par ce double mouvement inverse dans des régions différentes du gaz, ils échappent à toute recombinaison, et l'on peut manipuler à loisir les deux masses gazeuses électrisées ainsi obtenues.

C'est de la même manière, par une ionisation du gaz, comme on l'a reconnu aussitôt après, que d'autres radiations (ultra-violet extrême, rayons cathodiques de Lenard, rayons $\alpha, \beta, \gamma$ des corps radioactifs) « déchargent » les corps électrisés placés dans les gaz, s'ils coupent des lignes de force émanées de ces corps. Enfin les gaz issus d'une flamme sont également ionisés, et l'on comprend qu'ils soient conducteurs, tant qu'une partie de cette ionisation subsiste.

98. — **Les charges libérées dans l'ionisation des gaz sont égales à celle que porte un ion monovalent dans l'électrolyse.** — Mais nous ne savons rien encore sur la grandeur des charges séparées par l'ionisation du gaz, et si elles ont quelque rapport avec les ions de l'électrolyse.

Townsend montra le premier que les charges élémentaires dans les deux cas, sont les mêmes[1].

1. *Phil. Trans. of the Roy. Soc.* 1900.

Soit en effet $e'$ la charge d'un ion, situé dans un gaz de viscosité $\zeta$. Sous l'action d'un champ H, ce ion se mettra en mouvement, et, sans cesse gêné par les chocs subis, se déplacera d'un mouvement uniforme (à notre échelle) avec une vitesse $u$ telle que

$$H e' = A u$$

le coefficient de frottement A n'ayant plus la valeur $6\pi a z$ qu'il prend (*60*) pour un sphérule relativement gros, mais étant constant, ce qui nous suffit. En fait, on peut mesurer $u$, (Rutherford) et on constate que le quotient $\dfrac{u}{H}$ appelé *mobilité*, est constant, et d'ailleurs pas le même, pour chacune des deux sortes d'ions formés. Cette mobilité correspond grossièrement à une vitesse de 1 centimètre par seconde dans un champ de 1 volt par centimètre.

Si d'autre part, après séparation des deux sortes d'ions par le champ électrique, on réalise une masse gazeuse où se trouvent seulement des ions d'un même signe, ces ions s'agitent et se diffusent exactement comme feraient des molécules d'un gaz très dilué, éparpillées dans le milieu gazeux non ionisé [1].

Dès lors, par application du raisonnement d'Einstein (*70*) on trouverait pour valeur D du coefficient de diffusion des ions considérés

$$D = \frac{RT}{N} \frac{1}{A}$$

---

1. Il n'y a pas à tenir compte de l'action répulsive extraordinairement faible qui tend à repousser vers la périphérie de l'enceinte ces charges mobiles.

c'est-à-dire, puisque A est égal à $\dfrac{He'}{u}$

$$Ne' = \frac{RT}{D}\ \frac{u}{H}.$$

C'est l'équation de Townsend (qu'il a au reste obtenue de façon différente).

Pour connaître le produit $Ne'$, il suffisait donc, puisque la mobilité $\dfrac{u}{H}$ était connue, de mesurer le coefficient D de diffusion. C'est ce que Townsend a fait. Il trouva ainsi que, pour les divers gaz et les diverses radiations ionisantes, la valeur du produit $Ne'$ est voisine de la valeur $29.10^{13}$ fixée par l'électrolyse pour le produit $Ne$. La charge $e'$ est donc égale à la charge indivisible $e$ de l'électrolyse [1].

Une vérification postérieure, relative au cas très intéressant des ions dans les flammes, se tire des expériences de Moreau [2] sur la mobilité et la diffusion de ces ions. Elle conduit pour $Ne$ à la valeur $30,5.10^{13}$, égale à 5 pour 100 près à la valeur donnée par l'électrolyse.

Si on se rappelle que, en raison de l'irrégularité du mouvement moléculaire, le coefficient de diffusion est toujours égal à la moitié du quotient $\dfrac{X^2}{t}$ qui caractérise l'agitation (*71*), on pourra encore écrire l'équation de Townsend sous la forme

$$Ne' = 2RT\ \frac{t}{X^2}\ \frac{u}{H}$$

---

1. Une petite proportion de charges différentes (polyvalentes par exemple) pourrait avoir échappé à l'observation, l'incertitude des mesures paraissant être largement de 10 p. 100.

2. *Comptes Rendus*, 1909.

qui sans intérêt pour les ions invisibles sur lesquels a expérimenté Townsend, devient au contraire la forme intéressante dans le cas de *gros ions* (poussières chargées), si l'on peut mesurer leurs déplacements.

C'est précisément ce que M. de Broglie a fait sur l'air chargé de fumée de tabac[1]. Dans son dispositif, l'air est insufflé dans une petite boîte maintenue à température constante, où convergent des rayons lumineux émanés d'une source puissante. A angle droit de ces rayons se trouve le microscope qui résout la fumée en globules, points brillants qu'agite un très vif mouvement brownien. Si alors on fait agir un champ électrique à angle droit du microscope, on voit que ces globules sont de trois sortes. Les uns partent dans le sens du champ et sont donc chargés positivement ; d'autres partent dans le sens inverse et sont donc négatifs ; enfin ceux du troisième groupe, qui continuent à s'agiter sur place, sont neutres. Ainsi étaient rendus visibles, pour la première fois, de la plus jolie manière, les *gros ions* des gaz.

M. de Broglie a fait un grand nombre de mesures de X et de $u$ pour des globules ultramicroscopiques à peu près de même éclat (et par suite à peu près de même taille). Les moyennes faites d'après ces lectures donnent pour $Ne'$ la valeur $31,5.10^{13}$, c'est-à-dire, avec la même précision que dans les expériences de Townsend, la valeur du produit $Ne$ défini par l'électrolyse.

---

1. *Comptes rendus.* t. CXLVI. 1908 et *Le Radium.* 1909.

Plus récemment, M. Weiss (Prague) a retrouvé la même valeur de $Ne'$ pour les charges portées par les parcelles ultramicroscopiques qui se forment dans l'étincelle entre électrodes métalliques[1]. Mais, au lieu de faire des moyennes entre des lectures isolées relatives à des grains différents, il a fait, pour chaque grain, assez de lectures pour avoir une valeur approchée de $Ne'$ d'après ces seules lectures. Il n'avait donc aucun besoin de comparer des grains de même taille ou de même forme.

Ces divers faits élargissent singulièrement la notion de charge élémentaire introduite par Helmholtz. De plus, tandis que l'électrolyse n'a jusqu'à présent suggéré aucun moyen de mesurer directement la charge absolue $e$ d'un ion monovalent, nous allons voir qu'on peut mesurer cette même charge quand elle est portée par un granule microscopique dans un gaz. Par là nous obtiendrons, puisque $Ne$ est connu, une nouvelle détermination de $N$ et des grandeurs moléculaires.

**99. — Détermination directe de la charge des ions dans les gaz.** — Si un ion présent dans un gaz est amené par l'agitation moléculaire au voisinage d'une poussière, il sera attiré par influence et se collera sur cette poussière, en la chargeant. L'arrivée d'un second ion du même signe, gênée par la répulsion due à cette charge, sera d'autant moins probable que la poussière sera plus petite[2].

---

1. *Physik Zeitschrift*, t. XII, 1911, p. 630.
2. De façon plus précise, il arrive rarement que l'agitation molé-

L'arrivée d'un ion du signe opposé sera, au contraire, facilitée. Une partie des poussières resteront donc ou redeviendront neutres, et un régime permanent se réalisera si la radiation ionisante continue à agir. C'est, en effet, ce qui a été constaté sur diverses fumées, d'abord neutres, quand on ionise le gaz qui les contient (de Broglie).

Un autre cas intéressant, est celui d'un gaz ionisé, débarrassé de poussières, mais saturé de vapeur d'eau. Les expériences de C. T. R. Wilson (1897) prouvent que ces ions servent de centres de condensation aux gouttelettes du nuage qui se forme quand on refroidit le gaz par une détente adiabatique.

Enfin un gaz peut se charger de gouttelettes électrisées par simple barbotage (impliquant le déchirement de pellicules liquides) au travers d'un liquide. A cette cause se rattache probablement la formation de nuages électrisés dans les gaz préparés par électrolyse, formation signalée par Townsend.

Dans un quelconque de ces cas, si l'on peut mesurer la charge prise par la goutte ou la poussière chargée, on aura la charge élémentaire. On doit à Townsend et à Thomson les premières déterminations de cette charge (1898). Townsend a opéré sur les nuages qu'entraînent les gaz de l'électrolyse, et Thomson, sur les

---

culaire donne à un ion une vitesse assez grande pour qu'il puisse atteindre la région où l'attraction par influence de cette poussière l'emporte sur la répulsion. La théorie des images électriques permet un calcul précis.

nuages formés dans la condensation par détente d'air humide ionisé. Ils déterminaient la charge totale E présente sous forme d'ions dans le nuage étudié, le poids P de ce nuage, et enfin sa vitesse $v$ de chute. Cette dernière mesure donnait le rayon des gouttes (en supposant la loi de Stokes applicable) donc le poids $p$ de chacune. Divisant P par $p$, on avait le nombre $n$ des gouttes, donc le nombre $n$ d'ions. Enfin le quotient de E par $n$ donnait la charge $e$. Les nombres obtenus dans les expériences de Townsend, manifestement peu précises, ont varié entre $1.10^{-10}$ et $3.10^{-10}$ ; ceux de Thomson ont varié entre $6,8.10^{-10}$ (ions négatifs émis par le zinc éclairé par la lumière ultraviolette) et $3,4.10^{-10}$ (ions produits dans un gaz par les rayons X ou les rayons du radium). Ces nombres étaient bien de l'ordre de grandeur voulu, et, bien que la concordance fût encore assez grossière, elle a eu alors beaucoup d'importance.

La méthode ainsi employée comportait de grandes incertitudes. Il était supposé, en particulier, que chaque ion est fixé sur une goutte et que chaque goutte n'en porte qu'un.

Harold A. Wilson simplifia beaucoup la méthode (1903). Il se bornait à mesurer les vitesses de chute du nuage, d'abord quand on laisse agir la pesanteur seule, puis quand on lui oppose une force électrique. Soient $v$ et $v'$ ces vitesses pour une gouttelette de charge $e'$ et de poids $mg$, avant et après l'application du champ électrique H. Sous la seule hypothèse que ces vitesses constantes sont entre elles comme les forces motrices.

on aura (équation de H. A. Wilson), *même si la loi de Stokes est inexacte*

$$\frac{He' - mg}{mg} = \frac{v'}{v},$$

c'est-à-dire

$$e' = m \frac{g}{H} \left(\frac{v + v'}{v}\right).$$

D'autre part, dans le mouvement uniforme de la chute, la force motrice (poids $4/3\pi a^3 g$ de la goutte) est égale à la force de frottement, donc à $6\pi a z v$ *si la loi de Stokes est valable*. Ceci donne le rayon, et par suite la masse $m$, en sorte qu'on pourra calculer la charge $e'$.

Sous l'influence du champ, le nuage chargé obtenu par détente dans de l'air (fortement ionisé), se subdivisait en 2 ou même 3 nuages de vitesses différentes. L'application des équations précédentes au mouvement de ces nuages (considérés comme formés de gouttelettes identiques) donna pour les charges $e'$ des valeurs grossièrement proportionnelles à 1,2, et 3. Ceci prouvait l'existence de gouttes *polyvalentes*. La valeur trouvée pour la charge $e$ relative au nuage le moins chargé, oscilla entre $2,7.10^{-10}$ et $4,4.10^{-10}$, la valeur moyenne étant de $3,1.10^{-10}$.

L'imprécision était donc encore grande. De nouvelles expériences furent faites suivant le même dispositif par Przibram [*gouttelettes d'alcool*], qui trouva $3,8.10^{-10}$, puis par divers autres physiciens. Le dernier résultat et le plus soigné (Begeman, 1910) donne $4,6.10^{-10}$ (toujours en admettant la loi de Stokes). Nous allons voir que la facilité des mesures est devenue beaucoup plus grande par l'étude *individuelle* des particules chargées.

**100.** — **L'étude individuelle des charges prouve la structure atomique de l'électricité.** — Le raisonnement de H. A. Wilson se rapporte à une particule unique. Or, dans les expériences qui précèdent, on l'applique à un nuage, admettant en particulier que les gouttelettes y sont identiques, ce qui est certainement inexact. On se débarrasserait de toute incertitude de ce genre en se plaçant précisément dans le cas théoriquement traité, c'est-à-dire en observant un sphérule unique, infiniment éloigné de tout autre sphérule ou de toute paroi.

Cette observation individuelle des grains chargés, avec application tout à fait correcte de la méthode imaginée par H. A. Wilson, a été réalisée indépendamment (1909) par Millikan et par Ehrenhaft.

Mais Ehrenhaft, qui opérait sur des poussières (obtenues par étincelle entre métaux), leur a malheureusement appliqué la loi de Stokes, les assimilant sans preuve à des sphères pleines et homogènes. Je pense que ce sont en réalité des éponges irrégulières à structure infiniment déchiquetée, frottant bien plus que des sphères contre le gaz, et pour lesquelles l'application de la loi de Stokes n'a aucun sens. J'en ai vu la preuve dans ce fait, signalé par Ehrenhaft lui-même, que beaucoup de ces poussières, pourtant ultramicroscopiques, n'ont pas de mouvement brownien appréciable. Cette observation, à laquelle on n'a pas pris garde, indique un frottement énorme. Et, en effet, de récentes mesures de Weiss plus haut signalées (98) ont montré que des poussières qui, d'après Ehrenhaft porteraient des charges très faibles comprises entre $1.10^{-10}$ et $2.10^{-10}$, avaient des déplacements qui donnent des valeurs de $Ne$ tout à fait normales. Ces poussières portaient donc des charges voisines de $4,5.10^{-10}$.

Millikan, ayant opéré sur des gouttelettes sûrement massives (obtenues par pulvérisation d'un liquide), a fait des expériences qui sont à l'abri de l'objection précédente. Ces gouttelettes sont amenées par un courant d'air au voisinage d'un trou d'aiguille percé dans l'armature supérieure d'un condensateur plan horizontal. Quelques-unes passent par ce trou, et, une fois entre les armatures, se trouvent illuminées latéralement et peuvent être suivies au moyen d'un viseur (comme dans le dispositif de M. de Broglie), où elles apparaissent comme des étoiles brillantes sur un fond noir. Le champ électrique, de l'ordre de 4000 volts par centimètre, agissait en sens inverse de la pesanteur, et généralement l'emportait sur celle-ci. On pouvait alors facilement balancer, pendant *plusieurs heures*, une même gouttelette sans la perdre de vue, la faisant remonter sous l'action du champ, la laissant redescendre en supprimant ce champ, et ainsi de suite[1].

Comme la gouttelette, faite d'un corps non

[1]. Pour tous détails relatifs aux travaux de Millikan, voir *Phys. Review*. 1911, p. 349-397.

volatil, reste identique à elle-même, sa vitesse de chute reprend toujours la même valeur constante $v$. De même, le mouvement d'ascension se fait avec une vitesse constante $v'$. Mais au cours d'observations prolongées, il arrive parfois que cette vitesse d'ascension saute *brusquement, de façon discontinue*, de la valeur $v'$ à une autre valeur $v'_1$, plus grande ou plus petite. La charge de la gouttelette a donc passé, *de façon discontinue*, de la valeur $e'$ à une autre valeur $e'_1$. Cette variation discontinue devient plus fréquente si l'on soumet à une radiation ionisante le gaz où se meut la gouttelette. Il est donc naturel d'attribuer le changement de charge au fait qu'un ion, voisin de la poussière, se trouve capturé par influence électrique, de la façon que nous avons expliquée plus haut.

Ces belles observations de Millikan ont donné de façon tout à fait rigoureuse et directe la démonstration de la structure atomique admise pour l'électricité. Écrivons, en effet, l'équation de H. A. Wilson avant, puis après le changement discontinu, et divisons membre à membre les deux équations ainsi écrites, nous aurons comme rapport des deux charges $e'$ et $e'_1$.

$$\frac{e'}{e'_1} = \frac{v + v'}{v + v'_1},$$

ou bien

$$\frac{e'}{v + v'} = \frac{e'_1}{v + v'_1} = \frac{e'_2}{v + v'_2} = \ldots$$

Les charges successives de la goutte seront donc des multiples entiers d'une même charge élé-

mentaire $e$ si les sommes $(v + v')$, $(v + v'_1)$, etc.,
sont proportionnelles à des nombres entiers (c'est-
à-dire sont égales aux produits par un même fac-
teur de divers nombres entiers). De plus, les
nombres entiers qui correspondent à deux charges
successives différeront en général par 1 unité
seulement, correspondant à l'arrivée de 1 charge
élémentaire (l'arrivée d'un ion polyvalent pouvant
cependant se produire).

C'est bien ce qu'on peut vérifier sur les nombres
donnés par Millikan[1]. Par exemple, pour une
certaine goutte d'huile, les valeurs successives
de $(v + v')$ ont été entre elles comme les nombres

2,00 ; 4,01 ; 3,01 ; 2,00 ; 1,00 ; 1,99 ; 2,98 ; 1,00 ;

c'est-à-dire, à moins de 1 pour 100 près, comme
les nombres entiers

2,    4,    3,    2,    1.    2,    3,    1.

Pour une autre goutte, les charges successivement indiquées par les vitesses sont de même,
entre elles, comme les entiers

5, 6, 7, 8, 7, 6, 5, 4, 5, 6, 5, 4, 6, 5, 4

avec des écarts de l'ordre du trois-centième,
c'est-à-dire avec toute la précision que comporte
la mesure des vitesses.

---

1. En réalité Millikan présente ses résultats de façon différente, et
donne de suite les valeurs absolues des charges obtenues en combinant la loi de Stokes avec l'équation de H. A. Wilson. Je pense qu'il
vaut mieux mettre d'abord en évidence ce qui serait inattaquable,
quand même la loi de Stokes serait grossièrement inapplicable aux
gouttelettes qui tombent dans un *gaz*.

Comme le fait observer Millikan, cette précision est comparable à celle dont se contentent le plus souvent les chimistes dans la vérification de l'application des lois de discontinuité qui résultent de la structure atomique de la matière.

Les exemples numériques qu'on vient de donner montrent qu'on saura bien vite reconnaître à quels moments une gouttelette donnée porte une seule charge élémentaire. Si alors on mesure, comme de Broglie ou Weiss (*98*), l'activité $\frac{X^2}{t}$ de son mouvement brownien, on pourra tirer le produit $Ne$ de l'équation de Townsend. C'est ce qu'a fait Fletcher au laboratoire de Millikan ; 1 700 déterminations, réparties sur 9 gouttes, lui ont donné pour ce produit la valeur

$$28,8 \cdot 10^{13}$$

qui concorde à un deux-centième près avec la valeur donnée par l'électrolyse.

Bref, les expériences de Millikan démontrent de façon décisive l'existence d'un atome d'électricité, égal à la charge que porte un atome d'hydrogène dans l'électrolyse.

**101. — Valeur de la charge élémentaire. Discussion.** — Mais il reste à obtenir la valeur précise de cette charge élémentaire dont l'existence est maintenant certaine. Pour cela, il faut déterminer la masse $m$ de la gouttelette, puisque l'équation de H. A. Wilson donne seulement le rapport $e/m$ et jusqu'à présent on n'a rien trouvé de mieux que d'appliquer la loi de Stokes

$$mg = 6\pi a \zeta v$$

en s'efforçant de la corriger convenablement.

Il n'est pas douteux, d'abord, que le produit $6\pi a\zeta v$ ne peut exprimer exactement la force de frottement appliquée, pour la vitesse $v$, à un sphérule microscopique en mouvement dans un gaz. Cette expression était valable pour les liquides (*61*), mais dans ce cas le rayon $a$ était très grand par rapport au libre parcours moyen L des molécules du fluide, tandis que dans les gaz, il est du même ordre de grandeur. Le frottement s'en trouve diminué, ce que l'on comprend en songeant que si L devenait très grand, c'est-à-dire s'il n'y avait plus de gaz, il n'y aurait plus de frottement du tout, alors que la formule indique un frottement indépendant de la pression[1]. Une théorie plus complète due à Cunningham, conduit alors à prendre, comme valeur de la force de frottement, $6\pi a\zeta v$ divisé par

$$1 + 1{,}63 \, \frac{L}{a} \, \frac{1}{2 - f} \, ,$$

$f$ étant le rapport du nombre des chocs de molécules suivis de réflexion régulière (chocs élastiques) au nombre total des chocs subis par le sphérule.

Millikan s'est borné à admettre que la force de frottement devait être de la forme

$$\frac{6\pi a\zeta v}{1 + \alpha \dfrac{L}{a}}$$

et il a cherché à déterminer la constante $\alpha$ par la

---

1. Comparer 48, note 2,

condition que toutes ses gouttes donnent sensiblement la même valeur pour $e$. Avec $\alpha$ égal à 0,81 [1] les valeurs de $e.10^{10}$ relatives aux différentes gouttes (valeurs qui, non corrigées, s'échelonnent entre 4,7 et 7) tombent entre 4,86 et 4,92. Millikan conclut donc pour $e$ à la valeur $4,9.10^{-10}$, soit pour N la valeur

$$59.10^{22}$$

qui, somme toute, est en concordance remarquable avec la valeur $68.10^{22}$ que j'ai précédemment donnée.

Mais Millikan pense que l'erreur de son résultat est bien inférieure au millième, et j'avoue qu'une si haute précision ne me paraît pas certaine, en raison de la grandeur de la correction qu'il a fallu faire subir à la loi de Stokes pour déduire la masse d'un sphérule de sa vitesse de chute dans l'air.

M. Roux a bien voulu reprendre les expériences, dans mon laboratoire, en mesurant la vitesse de chute *d'un même sphérule* dans l'air et dans un liquide [2].

Comme dans ce liquide la loi de Stokes s'applique, cette dernière mesure donne, *sans correction*, le rayon exact du sphérule.

---

1. C'est la valeur prévue par Cunningham dans le cas de $f$ nul (sphérule parfaitement rugueux). Cette rugosité parfaite me semble difficile à admettre : un boulet, lancé obliquement contre une surface faite elle-même de boulets à peu près exactement joints, pourra bien rejaillir en rebroussant chemin, mais ce sera exceptionnel. Et la direction moyenne du rejaillissement, si elle n'est pas celle de la réflexion régulière, pourra ne pas s'en écarter grossièrement.

2. Voir pour le détail de ces difficiles expériences, Roux, Thèse de doctorat. *Ann. de Chim. et Phys.*, 1913.

M. Roux a principalement opéré sur des sphérules de soufre pulvérisé surfondu, vitreux à la température ordinaire, et a trouvé que la formule de Cunningham s'applique, mais avec un coefficient $f$ voisin de 1 (la surface est donc polie, plutôt que rugueuse). Puis il a, comme Millikan, suivi plusieurs heures au microscope un même sphérule qui descend sous l'action de la pesanteur, remonte sous l'action du champ électrique, et parfois, sous l'œil de l'observateur, gagne ou perd brusquement un électron.

Il trouve ainsi que la charge $c$ est comprise entre $4.10^{-10}$, et $4,4.10^{-10}$, ou, si on préfère, que à $\pm 5$ p. 100 près N a la valeur $69.10^{22}$, pratiquement identique à celle que m'a donnée l'étude du mouvement brownien. En appliquant aux résultats bruts de Millikan la correction que légitiment les expériences de M. Roux, on trouve pour N la valeur $65.10^{22}$. Je prendrai, comme donnée par la méthode, la moyenne $67.10^{22}$.


**102. — Les corpuscules. Recherches de Sir Joseph Thomson.** — Il résulte des beaux travaux de Sir J. Thomson que l'atome d'électricité, dont l'existence vient d'être établie, est un constituant essentiel de la matière

Une fois démontrée l'électrisation des rayons cathodiques, on devait songer à résoudre les deux équations qui, par application des lois connues de l'électrodynamique, expliquent la déviation électrique et la déviation magnétique d'un projectile électrisé dont la charge est $e$, la masse

$m$ et la vitesse $v$, déviations qui restent les mêmes tant que le rapport $e/m$ de la charge à la masse garde la même valeur.

Thomson trouva ainsi, pour la vitesse, des valeurs qui sont de l'ordre de 50 000 kilomètres par seconde dans un tube de Crookes ordinaire, et qui dépendent d'ailleurs beaucoup de la différence de potentiel utilisée dans la décharge (de même que la vitesse d'une pierre qui tombe dépend de la hauteur de la chute).

Mais le rapport $e/m$ est indépendant de toutes les circonstances, et d'après les meilleures mesures [1] est 1 830 fois plus grand que n'est le rapport de la charge à la masse pour l'atome d'hydrogène dans l'électrolyse. Il a cette valeur quel que soit le gaz où passe la décharge, et quel que soit le métal des électrodes ; il est le même encore pour les rayons cathodiques lents de Lenard (1 000 kilomètres par seconde) qui, en l'absence de toute décharge, sont émis par les surfaces métalliques (zinc, métaux alcalins, etc.) que frappe de la lumière ultraviolette. Pour expliquer cette invariance qu'il avait découverte, Thomson a supposé d'emblée (tous les faits ultérieurs sont venus confirmer sa théorie) que les projectiles cathodiques sont toujours identiques et que chacun d'eux porte un seul atome d'électricité négative, et par suite est environ 1800 fois plus léger que le plus léger de tous les atomes. De plus, puisqu'on peut les produire aux dépens de n'importe quelle matière, c'est-à-dire aux dépens de n'importe quel atome,

1. Classen, Cotton et Weiss, etc.. Je tiens compte du fait que le faraday vaut 96 600 coulombs (et non tout à fait 100 000).

ces éléments matériels forment un constituant universel commun à tous les atomes ; Thomson a proposé de les appeler *corpuscules*.

On ne peut considérer un corpuscule indépendamment de la charge négative qu'il transporte : il est inséparable de cette charge, il est *constitué* par cette charge.

Incidemment, la haute conductibilité des métaux s'explique bien simplement (Thomson, Drude) si l'on admet que certains au moins des corpuscules présents dans leurs atomes peuvent se déplacer sous l'action du plus faible champ électrique, passant d'un atome à l'autre, ou même s'agitant dans la masse métallique aussi librement que des molécules dans un gaz[1]. Si nous nous rappelons à quel point la matière est réellement vide et caverneuse (95) cette hypothèse ne nous étonnera pas trop. Le courant électrique, qui dans les électrolytes est constitué par le mouvement d'atomes chargés, est constitué dans les métaux par un torrent de corpuscules qui ne peuvent donner lieu à aucun phénomène chimique en traversant une soudure zinc-cuivre, puisque les corpuscules sont les mêmes pour le zinc ou pour le cuivre. L'action d'un aimant sur un courant ne diffère pas, au fond, de l'action d'un aimant sur les rayons cathodiques. Et la loi de Laplace, ainsi comprise, nous donne immédiatement, en tout point, la valeur et la direction de l'aimantation produite

---

1. Une analyse plus détaillée montre qu'on explique, du même coup, les autres propriétés essentielles de l'état métallique : opacité, éclat métallique. conductibilité thermique.

par un seul projectile électrisé en mouvement[1].

Tant que l'on n'avait pu mesurer au moins approximativement la charge d'un seul projectile cathodique, et dans l'hésitation qu'on pouvait éprouver à voir en ces projectiles des fragments d'atomes, il restait cependant permis d'objecter que la valeur élevée du rapport $e/m$ pouvait s'expliquer aussi bien par la grandeur de la charge que par la petitesse de la masse. Mais, comme nous avons vu (99), Thomson a précisément mesuré la charge de gouttelettes, obtenues par détente d'air humide ne contenant pas d'autres ions que les corpuscules négatifs détachés d'une surface métallique par de la lumière ultraviolette. Si la charge de ces corpuscules valait 1 800 électrons, la charge d'une gouttelette serait *au moins* 1 800 fois plus grande que la charge trouvée[2].

Ceci forçait donc à admettre que le corpuscule a une masse bien inférieure à celle de tout atome. De façon plus précise, la masse de cet élément de matière, le plus petit que nous ayons su atteindre jusqu'à ce jour, est le quotient par 1 835 de celle de l'atome d'hydrogène, soit, en grammes

$$8 . 10^{-28}.$$

---

1. L'expression classique de Laplace $\dfrac{Ids \sin\alpha}{r^2}$ donne pour le champ dû à *un* projectile la valeur $\dfrac{ev \sin\alpha}{r^2}$

2. Il est aisé de s'assurer que les gouttelettes du nuage ont capturé toute la charge électrique du gaz et, par l'action d'un champ électrique, de s'assurer que toutes sont chargées ; celles qui sont polyvalentes (H. A. Wilson) porteraient donc plusieurs fois 1 800 électrons.

Faisant un pas de plus, Thomson a pu enfin nous donner une idée des *dimensions des corpuscules*. L'énergie cinétique $\frac{1}{2} mv^2$ d'un corpuscule en mouvement, ne peut qu'être supérieure à l'énergie d'aimantation produite dans le vide par le mouvement de ce corpuscule. On trouve ainsi[1] que le diamètre corpusculaire doit être inférieur à $\frac{1}{3} 10^{-12}$, c'est-à-dire inférieur au cent-millième du diamètre de choc des atomes les plus petits.

Pour des raisons que je ne peux développer ici, il est probable que cette limite supérieure est réellement atteinte, c'est-à-dire que *l'inertie entière* du corpuscule est due à l'aimantation qui l'accompagne comme un sillage dans son mouvement. Il se peut qu'il en soit ainsi pour toute matière même neutre, si cette neutralité résulte simplement de l'égalité de charges de signe contraire qui s'y trouvent (ou qui la constituent peut-être entièrement). Toute inertie serait alors d'origine électromagnétique. Je ne peux expliquer non plus ici comment alors la masse d'un projectile, sensiblement constante lorsque sa vitesse n'atteint pas 100 000 kilomètres par seconde, croît en réalité avec cette vitesse, lentement d'abord, puis de plus en plus rapidement, et deviendrait infinie pour une vitesse égale à celle de la lumière, en sorte que nulle

---

1. Il suffit d'intégrer l'expression $\frac{\mathcal{H}^2}{8\pi}\, dv$ pour tout l'espace extérieur à la sphère de rayon $a$, en se rappelant que (loi de Laplace) le champ magnétique $\mathcal{H}$ est en chaque point égal à $\dfrac{ev \sin \alpha}{r^2}$.

matière ne peut atteindre cette vitesse (H. A. Lorentz).

**103. — Rayons positifs.** — Outre les rayons cathodiques et les rayons X, on a observé dans les tubes de Crookes une troisième sorte de rayons aussi importants.

Aux pressions pas encore très faibles (dixième de millimètre) une *gaine* lumineuse (violette dans l'air) entoure la cathode sans la toucher (à la façon d'une surface équipotentielle). Elle s'en écarte en s'estompant quand la pression baisse, mais son contour intérieur reste assez net, et se trouve à 1 ou 2 centimètres de la cathode quand les rayons cathodiques sont déjà vigoureux.

On voit alors, collée contre la surface même de la cathode, une autre luminosité assez vive (orange dans l'air) qui s'étend, sans cesse plus pâle, à quelques millimètres de cette cathode. Elle est produite par des *rayons* issus du contour intérieur de la gaine (car tout obstacle intérieur à ce contour y marque son ombre, et la marque seulement alors), rayons dont la vitesse va probablement en croissant de la gaine à la cathode (de façon à produire près de celle-ci un maximum de luminosité).

Pour les mieux observer, Goldstein eut l'idée heureuse (1886) de percer un *canal* dans la cathode sur laquelle ils se précipitent. Pourvu que cette cathode sépare en deux le tube (on a compris depuis que l'essentiel est que l'espace situé derrière la cathode soit électriquement protégé), un rayon s'engage par le canal, et peut parcourir dans le tube plusieurs décimètres, marquant enfin, par une fluorescence pâle, son point d'arrivée sur la paroi.

J'ai tâché d'exprimer sur le schéma ci-contre les relations des trois sortes de rayons qui sont engendrés dans les tubes de Crookes [1].

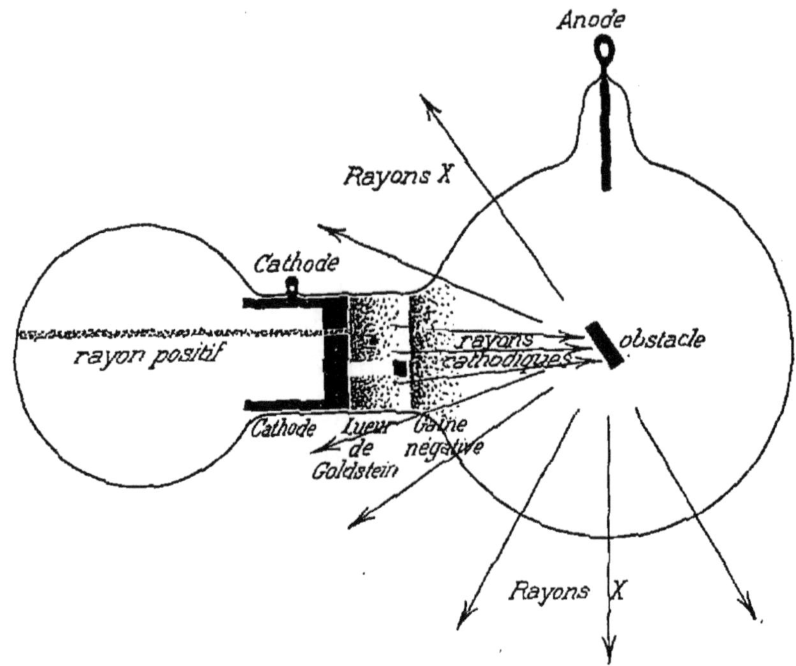


Fig. 12. — Rayons des tubes de Crookes.

Une fois reconnue l'électrisation des rayons cathodiques, on a naturellement recherché si les rayons découverts par Goldstein, qui se précipitent sur la cathode au lieu de s'en écarter, ne sont pas chargés positivement.

Cette charge, déjà bien probable après cer-

1. Il faudrait ajouter (Villard) que les rayons cathodiques jaillissent seulement des points de la cathode que frappent les rayons de Goldstein.

taines observations de M. Villard, a été établie par M. Wien. Il s'est en effet assuré que ces rayons sont déviés comme un flux d'électricité positive soit par le champ électrique (s'ils s'engagent entre les deux armatures d'un petit condensateur) soit par le champ magnétique (dont l'action est beaucoup plus faible que pour les rayons cathodiques). Les mesures de la vitesse et du rapport $e/m$ deviennent alors possibles. La vitesse, variable selon les conditions, est seulement de quelques centaines de kilomètres par seconde. Le rapport de la charge à la masse redevient du même ordre que dans l'électrolyse : ce sont des atomes ordinaires (ou des groupes d'atomes), qui forment les rayons positifs.

Ces mesures étaient grossières, car les rayons positifs, une fois déviés, deviennent très flous. On le comprend (Thomson) en admettant qu'un atome lancé à grande vitesse peut, quand il heurte une molécule neutre, perdre (ou gagner) de nouveaux corpuscules [1]. Si cela arrive pendant que le projectile traverse le champ déviant, la déviation peut devenir quelconque. Aussi Thomson, mastiquant hermétiquement la cathode à la paroi du tube, laisse communiquer la région d'observation et la région d'émission seulement par le canal où s'engage le pinceau de rayons étudiés, canal si long et si fin que l'on peut *maintenir* un vide beaucoup plus élevé dans la région d'observation que dans celle d'émission. Les rencontres

---

1. On s'explique en même temps que les rayons positifs, laissant sur leur trajet des molécules ionisées, rendent conducteur le gaz raréfié qu'ils traversent.

y sont alors en nombre insignifiant et, si la direction (commune) des champs électrique et magnétique est perpendiculaire au pinceau, on voit aisément que les projectiles de même sorte (même $e/m$, *mais vitesses différentes*) viennent frapper une plaque placée en face du canal aux divers points d'une même parabole. Réciproquement chaque parabole apparue sur cette plaque détermine (au centième près) le rapport $e/m$ d'une sorte de projectiles.

Sans parler des molécules singulières qu'on peut mettre ainsi en évidence, et qui laissent soupçonner, suivant l'expression de Thomson, une *chimie nouvelle*, on vérifie par là qu'un même atome peut perdre (ou gagner) plusieurs corpuscules. Les faisceaux de rayons positifs dus à la vapeur monoatomique du mercure indiquent par exemple que l'atome du mercure peut perdre jusqu'à 8 corpuscules, sans que son individualité chimique soit atteinte (puisqu'il n'apparaît pas de nouveau corps simple à la faveur des décharges électriques).

Il est bien remarquable que jamais on n'ait pu isoler des électrons positifs : toute ionisation divise l'atome, d'une part, en 1 ou plusieurs corpuscules négatifs, de masse insignifiante, et d'autre part en un ion positif relativement très lourd, formé du reste de l'atome.

L'atome n'est donc pas insécable, au sens strict du mot, et peut-être consiste en une sorte de soleil positif, dans lequel réside l'*individualité chimique*, et autour duquel s'agitent une nuée de planètes négatives, de même sorte pour tous les atomes. En raison des attractions électriques sans cesse croissantes, il sera de plus en plus difficile d'arracher l'une après l'autre ces planètes.

**104. — Magnétons.** — Ce modèle grossier nous fait songer que des rotations de corpuscules, équivalant à des courants circulaires, existent probablement dans l'atome. Or un courant circulaire (solénoïdes) a les propriétés d'un aimant. Nous retrouvons l'hypothèse qui explique l'aimantation en assimilant à de petits aimants les molécules d'un corps magnétique (Weber et Ampère).

Suivant Langevin, l'agitation thermique est la cause qui empêche ces *magnécules* de se disposer toutes parallèlement dans le plus faible champ magnétique, auquel cas le corps prendrait tout de suite son aimantation maximum (dont le moment $M_o$ par molécule-gramme vaut N fois le moment d'une molécule). Ecrivant qu'il y a équilibre statistique [1] entre la désorientation due à l'agitation thermique, et l'orientation due au champ H, Langevin calcule l'aimantation maximum $M_o$ à partir de l'aimantation observable de moment M produite par ce champ [2].

Ces calculs portaient sur un fluide peu magné-

---

1. Une théorie analogue rend compte de la biréfringence électrique (Kerr) et de la biréfringence magnétique récemment découverte par Cotton et Mouton.

2. Ce moment observable M est, pour de faibles valeurs de $\dfrac{H}{RT}$ égal à $\dfrac{M_o H}{3RT}$ (On reconnaît la loi d'influence de la température, découverte antérieurement par Curie.)

tique. Mais Pierre Weiss montra bientôt qu'ils sont valables même pour un solide ; il expliqua de plus, dans le détail, le ferromagnétisme (par l'hypothèse d'un champ intérieur très intense, dû aux actions mutuelles entre molécules). En définitive il put bientôt tirer de l'expérience, pour divers atomes, les valeurs du moment maximum $M_0$ par atome-gramme. Il fit ainsi cette découverte très importante que ces valeurs sont des multiples entiers d'un même nombre (1123 unités C. G. S.) en sorte que le moment magnétique de tout atome vaudrait un nombre entier de fois $\dfrac{1123}{N}$ .

Or, peu avant, Ritz avait supposé que dans un même atome, mettons d'hydrogène, existent des aimants identiques qui peuvent se mettre bout à bout[1]. Weiss reprit alors et élargit cette hypothèse, en admettant que, non seulement dans une même sorte d'atomes, mais dans tous les atomes il existe des petits aimants identiques, *nouveau constituant universel de la matière*, qu'il a nommés *magnétons*[2]. Ces magnétons pourraient se disposer en file ou parallèlement, ajoutant alors leurs moments, mais ils pourraient

1. Soit $p$ aimants identiques de longueur $a$, mis bout à bout. Dans le prolongement, à une distance $2a$, soit un électron qu'on suppose mobile seulement dans le plan perpendiculaire aux aimants. Écarté de sa position d'équilibre, il gravitera dans le champ magnétique dû aux pôles extrêmes, avec une fréquence de la forme $A\left[\dfrac{1}{4} - \dfrac{1}{(2+p)^2}\right]$. Suivant les diverses valeurs entières possibles pour $p$, on a ainsi les raies spectrales successives de la série de Balmer qui contient toutes les raies du spectre ordinaire de l'hydrogène. Il faut admettre que, pour un atome, $p$ est variable.

2. Les recherches dans le champ magnétique ont porté sur les atomes de Fe, Ni, Co, Cr, Mn, V, Cu, V.

aussi s'opposer par couples astatiques d'effet extérieur nul. C'est là le seul modèle qui, jusqu'à ce jour, rende compte *à la fois* de la loi de Pierre Weiss et des résultats de Balmer, Rydberg et Ritz, relativement aux séries de raies. La longueur de cet aimant élémentaire [1] serait d'environ 1 dix-milliardième de centimètre, cent fois plus faible que le diamètre de choc des atomes.

Mais ces aimants seraient périphériques : les mesures d'aimantation montrent en effet que de faibles changements physiques ou chimiques peuvent changer le nombre de ceux des magnétons de l'atome qui se disposent dans le même sens. (Ainsi peut changer la valence.)

Des constituants plus profonds vont nous être révélés.

---

[1]. Déterminée par la double condition de rendre compte des fréquences des raies de l'hydrogène (dans le modèle de Ritz), et de donner au magnéton le moment $\dfrac{1123}{N}$ (égal à $16,5.10^{-24}$).

# CHAPITRE VIII

## GENÈSE ET DESTRUCTION D'ATOMES

### Transmutations.

**105**. — **Radioactivité**. — La décharge dans les gaz raréfiés nous a fait connaître trois sortes de radiations qui ont pour caractères communs d'impressionner les plaques photographiques, d'exciter des fluorescences variées, et de rendre conducteurs les gaz qu'elles traversent.

Il existe des corps qui, sans excitation extérieure, émettent continuellement des rayons analogues. Cette découverte capitale a été faite en 1896 par Henri Becquerel sur les composés de l'uranium et l'uranium métallique lui-même. Les *rayons uraniques* ont une intensité faible, mais constante, la même dans la lumière ou dans l'obscurité, à froid ou à chaud, à midi ou à minuit [1]. Cette intensité ne dépend que de la masse d'uranium présent, et pas du tout de son état de combinaison, en sorte que deux corps uranifères différents étalés en couche *très* mince (pour éviter l'absorption dans la couche) de façon à contenir autant d'uranium au centimètre carré, donné-

---

[1] Ce dernier point, établi par Curie, élimine l'hypothèse d'une excitation par un rayonnement solaire invisible.

ront, à surface égale, le même rayonnement. Il s'agit donc d'une *propriété atomique* : là où se trouvent des atomes d'uranium, de l'énergie est continuellement émise. Pour la première fois, nous sommes conduits à penser que quelque chose peut se passer à l'intérieur des atomes, *que les atomes ne sont pas immuables* (Pierre et Marie Curie). Cette propriété atomique est ce qu'on nomme la radioactivité [1].

Il était peu vraisemblable qu'une telle propriété n'existât que pour le seul uranium. De divers côtés, on commença l'examen systématique des divers corps simples connus. Schmidt fut le premier à signaler la radioactivité du thorium ou de ses composés, comparable en intensité à celle de l'uranium. Plus récemment, grâce au grand perfectionnement des méthodes de mesures, on a pu déceler une radioactivité certaine, mille fois plus faible environ, pour le potassium et le rubidium. Il est permis de supposer que tous les genres d'atomes sont radioactifs à des degrés très différents.

M^me Curie eut l'idée d'examiner, en outre des corps déjà purifiés, les minéraux naturels. Elle vit ainsi que certaines roches (principalement la pechblende) sont jusqu'à 8 fois plus actives que ne pouvait le faire supposer leur teneur en uranium ou thorium, et pensa que cela tenait

---

1. Ce mot a été introduit par M^me Curie. Il est bien entendu qu'une substance n'est pas radioactive (pas plus que ne l'est un tube de Crookes) si elle émet des rayons ionisants de façon seulement temporaire à la faveur par exemple d'une réaction chimique [métaux éclairés, phosphore en voie d'oxydation. etc.].

à la présence de traces d'éléments inconnus, fortement radioactifs. On sait de quelle façon brillante cette belle hypothèse fut vérifiée, et comment, par dissolution et précipitation fractionnées (où l'on suit à l'électromètre la purification des produits), Pierre Curie et Marie Curie ont obtenu, à partir de divers minerais uranifères, des produits sans cesse plus radioactifs, lumineux par self-fluorescence, et enfin des sels *purs* d'un nouveau métal alcalino-terreux, le *radium*, de poids atomique égal à 226,5, analogue au baryum par son spectre et ses propriétés (hors la radioactivité), et au moins un million de fois plus actif que l'uranium (1898-1902). En cours de route, ils avaient caractérisé sans l'isoler un autre élément fortement radioactif, chimiquement analogue au bismuth, le *polonium*, et peu après M. Debierne avait signalé dans les mêmes minéraux un élément qui accompagne les terres rares dans les fractionnements, l'*actinium*.

Avec les préparations très actives qu'on savait dès lors obtenir, il devenait facile d'analyser le rayonnement; on y retrouva bientôt, et on put étudier suivant des procédés semblables, les trois sortes de radiations découvertes dans les tubes de Crookes, savoir :

Des rayons α ou rayons positifs (Rutherford) décrits par des projectiles chargés positivement, dont la masse est de l'ordre des masses atomiques, dont la vitesse peut dépasser 20 000 kilomètres par seconde, beaucoup plus pénétrants, par suite, que les rayons de Goldstein, mais pourtant complètement arrêtés après un parcours de quelques centimètres dans l'air ;

Des rayons $\beta$ ou rayons négatifs (Giesel, Meyer et Schweidler, Becquerel) décrits par des *corpuscules* dont la vitesse peut dépasser les 9/10 de celle de la lumière, rayons cathodiques très pénétrants à peine affaiblis de moitié après un parcours qui dans l'air, est de l'ordre du mètre ;

Des rayons $\gamma$ non déviables (Villard) extrêmement pénétrants, traversant une épaisseur de plomb de 1 centimètre sans être affaiblis de moitié, très analogues aux rayons X dont sans doute ils ne diffèrent pas plus en nature que la lumière bleue ne diffère de la lumière rouge.

Ces trois rayonnements, chacun de propriétés variables suivant la source radioactive, ne sont pas émis dans un rapport constant, et même ne sont pas en général tous émis par le même élément (par exemple le polonium n'émet sensiblement que des rayons $\alpha$).

Pierre Curie a découvert (1903) que l'énergie totale rayonnée, mesurable dans un calorimètre à parois absorbantes, a une valeur énorme, indépendante de la température. Une ampoule scellée qui renferme du radium dégage, en régime permanent, 120 calories par heure et par gramme de radium. Ou, si on préfère, elle dégage à peu près en 2 jours, sans changer appréciablement, la chaleur qui serait produite par la combustion d'un poids égal de charbon. Cela fait comprendre qu'on ait pu chercher dans la radioactivité la source actuelle du feu central ou celle du rayonnement du soleil et des étoiles.

**106. — La radioactivité est le signe d'une désinté-
gration atomique.** — Pierre et Marie Curie s'aper-
çurent (1899) qu'une paroi solide quelconque placée dans la même enceinte qu'un sel radifère (de
façon que l'on puisse aller du sel à la paroi par un
chemin entièrement contenu dans l'air) semble
devenir radioactive : cette *radioactivité induite*,
indépendante de la nature de la paroi, décroît
progressivement quand cette paroi est soustraite
à l'influence du radium et devient pratiquement
nulle après une journée. Rutherford retrouva bientôt la même propriété pour le thorium qui provoque une radioactivité induite un peu plus du-
rable.

Ces radioactivités induites se produisent partout où pourrait atteindre par diffusion un gaz
dégagé par la préparation radioactive initiale.
Rutherford eut l'intuition que réellement des
*émanations* gazeuses matérielles sont continuellement engendrées par le radium ou le thorium.
Transvasant par aspiration de l'air qui avait sé-
journé au contact d'un sel de thorium, il trouva
que cet air restait conducteur, comme s'il conser-
vait une cause intérieure d'ionisation. Cette ionisation spontanée décroît en progression géométrique,
à peu près de moitié par chaque minute. Il en est
de même pour de l'air qui a passé sur un sel radifère, mais la décroissance est plus lente, à peu
près de moitié pour chaque intervalle de 4 jours.

Rutherford admit alors que la radioactivité
d'un élément ne signale pas la *présence* des
atomes de cet élément, mais signale leur *dispa-
rition*, leur *transformation* en atomes d'une

autre sorte. La radioactivité du radium, par exemple, marque la destruction d'atomes de radium, avec apparition d'atomes d'émanation, et si une masse donnée de radium nous semble invariable, c'est seulement parce que nos mesures n'embrassent pas une durée suffisante. La radioactivité de l'émanation marque la destruction des atomes de ce gaz, à raison de un sur deux en 4 jours, avec apparition de nouveaux atomes qui cette fois donnent un dépôt *solide* sur les objets que touche l'émanation, Les atomes de ce dépôt meurent à leur tour, à raison de 1 sur 2 en une demi-heure à peu près et cela explique la radioactivité induite d'abord signalée. Et ainsi de suite.

Les vues géniales de Rutherford se sont vérifiées en tout point. On a pu isoler une *émanation du radium*, continuellement dégagée par cet élément à raison de 1 dixième de millimètre cube par jour et par gramme. Ce gaz se liquéfie à — 65° sous la pression atmosphérique, et se solidifie à — 71° (en donnant un solide lumineux par lui-même). Il est chimiquement inerte comme l'argon, donc *monoatomique* (Rutherford et Soddy) ; sa densité (Ramsay et Gray) ou sa vitesse d'effusion par une petite ouverture (Debierne) lui assignent alors un poids atomique voisin de 222 ; illuminé par la décharge électrique, il a un spectre de raies qui lui sont particulières (Rutherford). Bref, c'est un élément chimique défini que Ramsay a proposé d'appeler *Niton* (brillant). Mais c'est un élément qui se détruit spontanément de moitié pour chaque durée de 4 jours (plus exactement 3,85 jours). Pour la première fois, nous constatons qu'un corps simple, et par suite qu'un atome, peut naître et mourir.

Il est alors difficile de ne pas penser que le radium se détruit lui aussi progressivement, et précisément dans la mesure où il engendre du niton, soit à peu près à raison de un millième de milligramme par jour et par gramme. Bref, on est bien conduit à penser que toute radioactivité est le signe de la *transmutation* d'un atome en un ou plusieurs autres atomes.

Ces transmutations sont *discontinues*. Nous ne saisissons en effet aucun intermédiaire entre le radium et le niton; nous avons des atomes de radium ou des atomes de niton et ne pouvons mettre en évidence aucune matière qui ne serait plus du radium et ne serait pas encore du niton. De même, tant qu'on peut déceler le niton, ce gaz conserve exactement ses propriétés, quel que soit son « âge » et en particulier continue à disparaître par moitié pour chaque intervalle de 4 jours. Les transmutations doivent se faire atome par atome, de façon brusque, *explosive*, et c'est précisément pendant ces explosions que jaillissent les rayons. Quand nous disons que par exemple la radioactivité de l'uranium est une propriété atomique, il faut bien entendre qu'elle ne nous révèle pas les atomes d'uranium qui subsistent, mais uniquement ceux qui se brisent (dont le nombre est au reste à chaque instant proportionnel à la masse d'uranium qui subsiste). C'est dans le seul moment où il explose que l'atome est radioactif.

**107**. — **Genèse de l'hélium.** — On n'eût peut-être

pas facilement accepté les conceptions de Rutherford si quelque corps simple déjà connu ne
s'était trouvé engendré par transmutation. Or,
précisément, Ramsay et Soddy réussirent à prouver que de *l'hélium* se développe en quantité
sans cesse croissante dans une enceinte scellée
contenant du radium (comme au reste l'avaient
prévu Rutherford et Soddy). Cette expérience
brillante mit hors de doute, pour tous les physiciens, la possibilité de transmutations spontanées (1903).

On savait d'autre part que les projectiles α ont
des masses de l'ordre des masses atomiques. De
façon plus précise, le rapport $e/m$ est toujours à
peu près le même quel que soit l'élément générateur des rayons α et il est environ 2 fois plus
petit que pour l'ion hydrogène dans l'électrolyse.
Les projectiles α pouvaient donc être des atomes
de coefficient égal à 2 ; mais ils peuvent aussi
bien (Rutherford), être des atomes d'hélium
portant chacun deux charges élémentaires. C'est
ce que Rutherford et Roys ont directement
prouvé : ils enferment du niton dans un tube de
verre à paroi mince (de l'ordre du centième de
millimètre), que ne peuvent absolument traverser
les molécules d'un gaz dans l'état d'agitation qui
correspond à la température ordinaire (ce qu'on
aura vérifié en particulier pour de l'hélium) mais
que traversent aisément les rayons α émis par le
niton ; or, dans ces conditions, on retrouve bientôt de l'hélium dans l'enceinte extérieure où ont
ainsi pénétré ces rayons : *les projectiles α sont
des atomes d'hélium lancés à la prodigieuse*

*vitesse de dix à vingt mille kilomètres par
seconde.*

**108. — Rayons $\alpha'$.** — Le poids atomique du radium est sensiblement la somme de ceux du niton et de l'hélium. Dans sa transmutation, l'atome de radium se dédouble donc en donnant un atome d'hélium et un de niton, par une explosion qui lance au loin l'atome d'hélium et qui doit forcément lancer, dans le sens inverse, l'atome de niton, avec une quantité de mouvement égale [phénomène analogue au recul d'un canon]. La vitesse initiale de ce projectile de niton, dès lors aisément calculable, est donc de quelques centaines de kilomètres par seconde.

Je ne vois pas qu'il y ait lieu d'introduire aucune distinction essentielle entre les deux projectiles : il faut considérer des rayons lents $\alpha'$ formés de niton (très analogues aux rayons de Goldstein) aussi bien que des rayons $\alpha$ formés d'hélium. Je reviendrai bientôt sur ce point.

**109. — Une transmutation n'est pas une réaction chimique.** — Quand on entend d'abord parler d'un dédoublement de radium en hélium et niton, on se demande pourquoi l'on ne voit pas là une réaction chimique dégageant certes beaucoup de chaleur, mais enfin pas essentiellement différente des réactions proprement dites. Le radium ne pourrait-il être considéré comme un composé donnant le niton et l'hélium par dissociation ?

Ce point de vue ne peut être maintenu si l'on observe que tous les facteurs qui influencent les réactions chimiques se trouvent ici sans action. Il suffit couramment d'une élévation de température d'une dizaine de degrés pour doubler la vitesse d'une réaction. A ce compte, une réaction devient 1 milliard de fois plus rapide par chaque élévation de 300°. Or la chaleur dégagée par le radium, ou la vitesse de destruction du niton, restent complètement indifférentes à des variations de température beaucoup plus fortes.

Cela est général. On n'a pu absolument par aucun moyen modifier la course inflexible des transformations radioactives. Chaleur, lumière, champ magnétique, forte condensation ou dilution extrême de la matière radioactive (c'est-à-dire bombardement intense ou insignifiant par des projectiles α et β) sont restés sans action. C'est au plus profond de l'atome, dans le *noyau* très condensé dont nous avons établi l'existence (96) que se produit une désintégration qui échappe à notre influence autant peut-être que lui échappe l'évolution d'une étoile lointaine. Ajoutons que les explosions de deux atomes de même sorte semblent tout à fait identiques, donnant exactement la même vitesse aux projectiles α émis (ou aux projectiles β).


**110**. — **Les atomes ne vieillissent pas**. — Il y a plus, et dans ce noyau atomique si prodigieusement petit, on peut déjà entrevoir un monde infiniment complexe.

Nous avons dit, en effet, que quel que soit l'âge d'une masse donnée de niton, la moitié de cette masse disparaît en quatre jours. Les atomes ne vieillissent donc pas, puisque tout atome qui a échappé à la destruction (pendant quelque temps que ce soit) garde 1 chance sur 2 de survie pendant les 4 jours qui vont suivre.

De même, si deux récipients égaux, communiquant par un canal, sont pleins d'un mélange en équilibre statistique d'oxygène et d'azote, il arrivera que les hasards de l'agitation moléculaire amèneront d'un côté toutes les molécules d'oxygène et de l'autre toutes les molécules d'azote, et il suffirait alors de tourner un robinet pour maintenir les gaz séparés. La théorie cinétique permet de calculer la durée T (très longue) pendant laquelle cette séparation spontanée a 1 chance sur 2 pour se réaliser. Considérons maintenant un nombre extrèmement grand de pareils couples de récipients. Pendant chaque durée T, quel que soit le temps déjà écoulé[1], une séparation spontanée s'effectuera dans la moitié des couples encore subsistants : la loi de variation est la même que pour les éléments radioactifs.

Ce modèle fait comprendre, à ce qu'il me semble, que dans chaque noyau atomique (comparé au mélange gazeux qui emplit un de nos couples de récipients) doit se trouver réalisé un équilibre statistique, où interviennent en nombre colossal des paramètres irrégulièrement variables, comme pour une masse gazeuse en équilibre

---

1. Peu importe en effet que, à un instant donné, mettons il y a une heure, la séparation ait été presque complète pour un couple : rien n'en subsiste en général après très peu de temps, le retour à l'état mélangé étant à chaque instant de beaucoup le plus probable pour un système partiellement séparé.

ou pour la lumière qui emplit une enceinte isotherme.

Lorsque, *par hasard*, certaines conditions encore mystérieuses se trouvent réalisées dans ce noyau complexe, un bouleversement formidable se produit, avec redistribution de la matière suivant un autre régime permanent stable de mouvement désordonné intérieur. On peut supposer (mais il n'est pas certain) que les particules $\alpha$ ou $\beta$ préexistent dans le noyau, et y possèdent déjà, avant l'explosion, des vitesses de plusieurs milliers de kilomètres par seconde.

J'ai à peine besoin de dire que la loi de hasard trouvée pour les émanations du radium ou du thorium, est la loi générale de la désintégration atomique. A chaque élément radioactif correspond une *période*, ou durée pendant laquelle la moitié de toute masse notable de l'élément subit la transmutation. Cette période est d'environ 2 000 ans pour le radium (Boltwood), en sorte que si l'on scelle aujourd'hui une ampoule contenant 2 grammes de radium, il n'y aura plus que 1 gramme de radium dans l'ampoule en l'an 3 913, avec 1 gramme d'autres matières encore à déterminer (parmi lesquelles de l'hélium). Cela revient à dire, comme le montre un calcul simple, que, dans une seconde, il disparaît à peu près le cent milliardième (plus exactement $1,09.10^{-11}$) de toute masse notable de radium.

**111.** — **Séries radioactives.** — On a réussi (comme on avait fait pour le niton avant de l'isoler) à caractériser par leurs périodes une trentaine de corps simples nouveaux, dérivés par transmutation successive de l'uranium, ou du thorium [1]. Une de ces périodes s'abaisse au cinq-centième de seconde (et sans doute il en est de plus courtes) d'autres dépassent le milliard d'années.

Les éléments dont la vie est plus longue sont plus abondants, et l'on peut supposer qu'un élément banal tel que le fer est réellement radioactif mais avec une période colossalement longue par rapport au milliard d'années. On voit ci-dessous la période T pour une série d'éléments qui dérivent de l'uranium par dédoublements ou réarrangements intérieurs successifs

| | |
|---|---|
| (6 milliards d'années) . . . . | Uranium → hélium. |
| (25 jours). . . . . . . . . | Uranium X |
| (30 000 ans) ?. . . . . . . | Ionium → hélium. |
| (2 000 ans). . . . . . . . | Radium → hélium. |
| (3,85 jours). . . . . . . . | Niton → hélium. |
| (3 minutes) . . . . . . . | Radium A → hélium. |
| (27 minutes) . . . . . . . | Radium B. |
| (20 minutes) . . . . . . . | Radium C → hélium. |
| (15 ans) . . . . . . . . | Radium D. |
| (quelques jours) . . . . . | Radium E. |
| (5 mois) . . . . . . . . . | Polonium → hélium. |
| (?) | (?) |

Des *bifurcations* sont possibles, avec forma-

---

1. Les lecteurs qui désireront plus de détails pourront se reporter au traité de *Radioactivité* de M^me Curie (Gauthier-Villars, 1910).

tion de *chaînes latérales*[1]. En d'autres termes, un même atome peut subir, suivant les *hasards* intérieurs, telle ou telle transmutation. On conçoit que si, dans le même temps, un atome d'ionium avait 9 chances sur 10 de subir le bouleversement qui donne l'uranium X et 1 chance sur 10 d'en subir un autre qui donnerait l'actinium, toute masse notable d'ionium se transformerait pour les 9/10 en radium et pour 1/10 en actinium.

On voit que l'hélium (sans doute à noyau très stable) est un produit *fréquent* de la désintégration atomique. Cela explique peut-être pourquoi plusieurs différences entre poids atomiques (lithium et bore, carbone et oxygène, fluor et sodium, etc.) sont juste égales au poids atomique 4 de l'hélium.

Mais je ne peux croire que l'hélium soit un élément singulier. D'autres chaînes de transmutations donneront des différences plus faibles. D'autre part, dès maintenant, je présume que tel élément radioactif, classé comme n'émettant que des rayons $\beta$ ou $\gamma$, pourrait fort bien projeter des atomes plus lourds que celui d'hélium, et d'espèce commune, de cuivre par exemple, sans que nous en soyons avertis, cela pour des raisons que nous comprendrons bientôt[2].

1. Une telle chaîne part du radium C (Fajans, et Hahn).

2. En particulier, à cause de Ra B, Ra D, Ra E, qui n'émettent pas d'hélium, je regarde comme possible que le corps simple issu du polonium, ait un poids atomique inférieur à 140. On admet souvent que c'est du plomb, dont le poids atomique 207 s'obtient en retranchant de celui du radium 5 fois celui de l'hélium (il y a 5 émissions d'hélium du radium au polonium) et qui est présent dans les minerais de radium. Cela peut être, mais la vérification est indispensable. Remarque analogue pour le thorium D ou l'actinium C.

**112. — Cosmogonie.** — Dans tous les cas, ce sont des atomes légers qui sont ainsi obtenus, par désintégration des atomes lourds. Si le phénomène inverse est possible, si les atomes lourds se régénèrent, ce doit être au centre des astres, où la température et la pression devenues colossales favorisent la pénétration réciproque des noyaux atomiques en même temps que l'absorption d'énergie[1].

Je vois une forte présomption en faveur de cette hypothèse dans la valeur élevée que les analyses donnent pour la radioactivité moyenne de la croûte terrestre. Si les atomes radioactifs sont aussi abondants jusqu'au centre, la Terre serait plus de 100 fois plus radioactive qu'il ne suffit pour expliquer la conservation du feu central. On a supposé alors que ces atomes ne sont présents que dans les couches superficielles. Cela me paraît déraisonnable, car bien au contraire les atomes radioactifs, très lourds, doivent s'accumuler *énormément* au centre. On est donc forcé de croire à un échauffement *très rapide* de la Terre si on n'admet pas dans les couches profondes une formation fortement endothermique d'atomes lourds.

De lentes convections amèneraient des atomes lourds près de la surface où ils se désintégreraient ; la chaleur alors rayonnée, et l'évaporation de l'astre (rayons positifs, corpuscules, fines poussières chassées par la lumière et lumière elle-même) peuvent être longtemps compensées en

---

1. Cette hypothèse, que M^mo Curie a faite en même temps que moi, est sans doute venue à l'esprit de plusieurs physiciens.

matière et en énergie par les chutes de grosses poussières formées dans les espaces interstellaires aux dépens de corpuscules et d'atomes légers, et formés aussi, j'imagine, *aux dépens de la lumière même* [1]. L'Univers parcourant toujours le même cycle immense, pourrait rester statistiquement identique à lui-même [2].

**113. — Projectiles atomiques.** — La pénétration des rayons $\alpha$ dans la matière donne d'importants renseignements sur les atomes et sur les propriétés singulières que peuvent acquérir des projectiles lancés aux prodigieuses vitesses que possèdent ces rayons.

Le fait essentiel est que les rayons $\alpha$ traversent en ligne droite et nette, sans diffusion notable, soit des couches d'air épaisses de plusieurs centimètres, soit des pellicules continues, d'aluminium ou de mica par exemple, qui ont jusqu'à 4 ou 5 centièmes de millimètre.

Or, à prendre le diamètre atomique dans le sens où l'entend la théorie cinétique (diamètre de choc) les atomes ne sont guère moins serrés dans de l'aluminium ou du mica que des boulets dans une pile de boulets. Il est impossible de supposer que les projectiles d'hélium passent au

---

1. Le principe de relativité (Einstein) force à attribuer à la lumière de la masse et du poids.

2. On retrouve ici, dans ce qu'elle a d'essentiel, une hypothèse d'Arrhenius, expliquant la stabilité de l'Univers par l'existence, au centre des astres, de « composés » colossalement endothermiques. En lisant son beau livre de Poésie scientifique sur l'*Evolution des Mondes* (Ch. Béranger, Paris) on comprendra mieux comment l'Univers stellaire peut indéfiniment subsister.

travers des interstices, et nous devons admettre qu'ils percent les atomes, ou plus exactement les armures (*96*) qui protègent les atomes lors des chocs moléculaires. Il est aisé de voir, tenant compte de la densité de l'aluminium, qu'un projectile $\alpha$, avant de s'arrêter, perce environ cent mille atomes d'aluminium. Nous n'en serons pas trop surpris si nous songeons que l'énergie initiale d'un tel projectile est plus de 100 millions de fois plus grande que celle d'une molécule dans l'agitation thermique ordinaire. Les pellicules métalliques soumises à ce bombardement ne semblent au reste pas altérées.

Il est sans doute permis d'extrapoler à des atomes quelconques, et de penser que deux atomes qui s'abordent avec une vitesse suffisante se traversent sans se gêner autrement[1]. Cela se comprend si l'on songe à ce que nous avons dit sur l'extrême petitesse du volume réellement occupé par la matière de l'atome (*94*) : si une étoile se trouve lancée vers le système solaire, supposé limité à l'orbite de Neptune, il y a peu de chances qu'elle rencontre précisément le soleil, et si de plus le mouvement relatif est extrêmement rapide, les forces d'attraction n'auront pas le temps d'effectuer un travail notable, et l'étoile ni le soleil ne seront pratiquement déviés de leur course. De même l'extraordinaire petitesse du noyau atomique rend sans doute extraordinairement rares les véritables chocs entre noyaux. Mais quelques corpuscules périphériques, moins

---

1. Une balle de fusil *suffisamment rapide* traverserait un homme sans l'endommager.

lents à mettre en branle, peuvent être détachés, en sorte que le projectile laisse derrière lui une traînée d'ions.

Par suite de cette ionisation les rayons $\alpha$ perdent au reste progressivement leur vitesse en traversant de la matière. On a été extrêmement surpris de constater que leurs propriétés cessent toutes de se manifester lorsque leur vitesse approche d'une vitesse critique encore très grande (plus de 6 000 kilomètres par seconde).

Imaginons dans l'air un grain minuscule de polonium ; les rayons $\alpha$ qu'il émet cessent brusquement d'agir quand ils atteignent le pourtour d'une sphère de 3,86 centimètres de rayon concentrique au grain. Autour d'un grain de radium *en état de régime constant* (c'est-à-dire contenant avec leurs proportions limites les produits successifs de sa désintégration) on pourrait définir de même 5 sphères concentriques à pourtour net, de rayons compris entre 3 et 7 centimètres.

On a d'abord pensé que ce fait établissait une différence de nature entre les rayons $\alpha$ et les rayons positifs des tubes de Crookes dont la vitesse est seulement de quelques centaines de kilomètres et qui pourtant se propagent en ligne droite sur plusieurs décimètres de longueur. Mais plusieurs décimètres de longueur dans un tube de Crookes ne valent pas un centième de millimètre dans l'air ordinaire. Aussi admet-on maintenant, tout simplement, que le pouvoir pénétrant, fonction de la vitesse, décroît très rapidement quand la vitesse devient inférieure à la valeur (mal définie) qu'on nomme critique, en sorte que par exemple un projectile atomique qui fait moins de 5 000 kilomètres par seconde ne peut traverser plus de un quart de millimètre d'air. Sur cette fin de parcours, au surplus, l'ionisation devient forte et la diffusion notable, jusqu'à ce qu'enfin le projectile trop lent n'entame plus les armures atomiques et rejaillit sur elles comme une molécule ordinaire.

C'est pourquoi j'ai tenu à observer (*111*) que si une explosion atomique projetait un atome assez lourd d'espèce banale, nous pourrions ne pas nous en être aperçus. Il se réaliserait en de pareils cas une **transmutation dissimulée**. Pour l'ordre de grandeur des énergies d'explosion jusqu'ici constatées, seuls en effet les atomes légers peuvent acquérir une vitesse et une énergie assez grandes pour avoir dans l'air un parcours notable, et par exemple un atome de cuivre n'aurait pu être décelé.

## Dénombrements d'atomes.

**114. — Scintillations. — Charge des projectiles α. —** Sir W. Crookes a découvert que la phosphorescence excitée par les rayons α sur les substances qui les arrêtent se résout à la loupe en *scintillations*, étoiles fugitives éteintes aussitôt qu'allumées, qu'on voit continuellement apparaître et disparaître aux divers points de l'écran qui reçoit la pluie des projectiles. Crookes a aussitôt supposé que chaque scintillation marquait le point d'arrivée de l'un de ces projectiles, et donnait, pour la première fois, la perception individuelle de l'effet dû à un seul atome. De même, sans voir un obus, on peut voir l'incendie qu'il allume dans l'obstacle qui l'arrête [1].

D'autre part, Rutherford avait mesuré, au cylindre de Faraday, la charge positive $q$ rayonnée par seconde sous forme de rayons $\alpha$ par une masse donnée de polonium, et (par une mesure de conductibilité de gaz) avait déterminé les charges positive et négative $+ Q$ et $- Q$ que libèrent, par ionisation des atomes traversés, ces mêmes rayons quand ils s'arrêtent dans l'air. Il avait ainsi trouvé que les charges libérées $Q$ valent à peu près 100 000 fois (94 000 fois) la charge $q$ des projectiles.

Combinant les deux procédés, Regener a déterminé de façon nouvelle les grandeurs moléculaires. Il comptait une à une les scintillations produites dans un angle donné par une préparation donnée de polonium et en déduisait le nombre total de projectiles $\alpha$ émis en une seconde par cette préparation (en fait 1 800). Il trouvait d'autre part que, en une seconde, ces projectiles libéraient dans l'air 0,136 unités électrostatiques de chaque signe. Cela faisait donc pour chaque projectile $\alpha$ la charge $\dfrac{0,136}{1\,800.94\,000}$ soit $8.10^{-10}$. Puisque le projectile $\alpha$ porte deux

---

1. C. T. R. Wilson a récemment rendu visible, non seulement le point d'arrivée mais la trajectoire de chaque projectile, dans de l'air humide : une détente condense des gouttelettes d'eau sur les ions formés par le projectile et l'on voit à l'œil nu les trajectoires ainsi soulignées.

fois la charge élémentaire, celle-ci doit être égale à $4.10^{-10}$, ce qui est en bon accord avec les autres déterminations.


**115**. — **Dénombrement électrométrique**. — Malgré cette concordance, on pouvait encore douter que les scintillations fussent en nombre juste égal à celui des projectiles. Rutherford et Geiger ont étendu et consolidé le beau travail de Regener en trouvant un second moyen, extraordinairement ingénieux, pour compter ces projectiles.

Dans leur dispositif, les projectiles α provenant d'une couche *mince* radioactive de surface donnée (radium C), et filtrés par un diaphragme de mica (également assez mince pour qu'ils le traversent tous), passent dans un gaz à faible pression entre deux armatures à potentiels différents, dont l'une est reliée à un électromètre sensible. Chaque projectile produit dans le gaz une traînée d'ions qui se meuvent suivant leur signe vers l'une ou l'autre de ces électrodes.

Si la pression est assez basse et la différence de potentiel assez grande, chacun de ces ions peut acquérir entre deux chocs moléculaires une vitesse assez grande pour briser les molécules qu'il rencontre en ions qui deviennent à leur tour ionisants[1], ce qui multiplie facilement par 1 000 la décharge qui serait due aux seuls ions directement formés par le projectile, et la rend assez forte pour être décelée par une déviation notable

1. Phénomène découvert par Townsend, et par lequel on explique à présent le mécanisme de la décharge disruptive (étincelle électrique).

de l'aiguille électrométrique[1]. Dans ces conditions, en éloignant suffisamment la source radioactive et en limitant par une petite ouverture le rayonnement $\alpha$ qu'elle peut envoyer entre les deux armatures, on voit l'action sur l'électromètre se résoudre en *impulsions distinctes*, irrégulièrement distribuées dans le temps (par exemple de 2 à 5 en une minute), ce qui prouve de façon évidente la structure granulaire du rayonnement.

Le dénombrement se fait avec une précision plutôt meilleure que celle des scintillations, et les nombres obtenus par les deux méthodes sont égaux. Rapportant ces nombres au gramme de radium, Rutherford trouve que 1 gramme de radium en état de régime constant (avec ses produits de désintégration) émet par seconde 136 milliards d'atomes d'hélium, ce qui fait pour le radium seul 34 milliards ($3,4 . 10^{10}$) de projectiles.

Sans passer par l'intermédiaire utilisé par Regener, Rutherford et Geiger firent alors tomber dans un cylindre de Faraday les projectiles $\alpha$ en nombre $n$ désormais connu qui émanaient d'une couche mince radioactive (les projectiles négatifs $\beta$, bien plus facilement déviables par l'aimant, étant écartés par un champ magnétique intense). Le quotient $q/n$ de la charge positive $q$ entrée dans le cylindre par le nombre $n$ de projectiles donna pour ce projectile la charge $9,3 . 10^{-10}$, ce qui fait pour la

---

1. Un isolement exprès imparfait assurera le retour rapide de l'aiguille au zéro.

charge élémentaire $4,65.10^{-10}$ et pour le nombre d'Avogadro

$$62.10^{22}$$

l'erreur ne pouvant probablement pas atteindre 10 pour 100 [1].


**116. — Nombre des atomes qui forment un volume connu d'hélium.** — Puisque nous savons compter les projectiles $\alpha$ émis en une seconde par un corps radioactif, nous savons combien il y a d'atomes dans la masse d'hélium engendrée pendant le même temps. Si nous déterminons cette masse, ou le volume qu'elle occupe pour une température et une pression fixées, nous aurons directement la masse de l'atome d'hélium. La difficulté, qui n'est pas petite, est de recueillir tout l'hélium et de ne pas y laisser d'autres gaz.

Les mesures, faites par Sir J. Dewar, puis amé-

---

1. Regener a, récemment, repris ces mesures sur les rayons $\alpha$ du polonium, comptant les scintillations produites sur une lame homogène de diamant. Mais sa mesure de la charge $q$ me semble entachée d'une incertitude qu'il est intéressant de signaler.

J'ai fait observer, en effet, que dans cette méthode on admet implicitement que *toute la charge* accusée par le récepteur est apportée par des projectiles $\alpha$. Or l'explosion qui lance dans un sens un projectile $\alpha$ lance en sens inverse le reste $\alpha'$ de l'atome radioactif. Ces rayons $\alpha'$ peu pénétrants ne pouvaient agir dans le dispositif de Rutherford (où une mince pellicule sépare le corps actif et le récepteur). Mais ils doivent intervenir dans l'expérience de Regener (vide extrême et pas de pellicule). Or il se peut que ces projectiles $\alpha'$ ne produisent pas de scintillations : il est probable qu'ils sont chargés positivement (comme tout atome violemment projeté) sans d'ailleurs porter forcément 2 charges positives comme l'hélium. Bref, il est impossible de regarder comme *sûre* la valeur $4,8.10^{-10}$ ainsi obtenue.

liorées par Boltwood et Rutherford, indiquent un dégagement annuel de 156 millimètres cubes par gramme de radium. Tenant compte des produits de désintégration présents dans le radium, cela fait pour le radium pur seul 39 millimètres cubes. Comme il projette par seconde 34 milliards d'atomes d'hélium, cela fait dans ce volume, $34 \times 86\,400 \times 365$ milliards de molécules. Le nombre N de molécules monoatomiques d'hélium qui occuperaient 22 400 centimètres cubes, donc formeraient une molécule-gramme, est donc

$$\frac{34.86\,400.365.22\,400}{0,039} . 10^9 \text{ soit } \mathbf{62}.10^{22}.$$

M$^{me}$ Curie et M. Debierne ont fait depuis une détermination semblable sur l'hélium dégagé par le polonium[1].

Le dénombrement des projectiles a été fait, comme dans la série de Rutherford et Geiger, d'après les scintillations et d'après les impulsions électrométriques. Celles-ci, largement espacées (1 par minute) afin de ne pas empiéter les unes sur les autres, ont été enregistrées sur un ruban où chacune se marque par une dentelure d'un trait continu, dentelures que l'on

---

1. Choix avantageux, parce que les phénomènes sont moins complexes, le polonium étant le terme de sa série radioactive (une seule transmutation intervient), et parce que, vu l'absence d'émanation gazeuse dans l'espace qui surmonte la matière radioactive (espace où les rayons $\alpha$ ne sont guère arrêtés que dans les parois), le nombre des projectiles $\alpha$ qui entrent dans le verre est négligeable; on évite donc la difficulté de faire sortir l'hélium occlus dans du verre.

compte ensuite à loisir comme on le comprend par la figure ci-dessous [1]. Le volume d'hélium

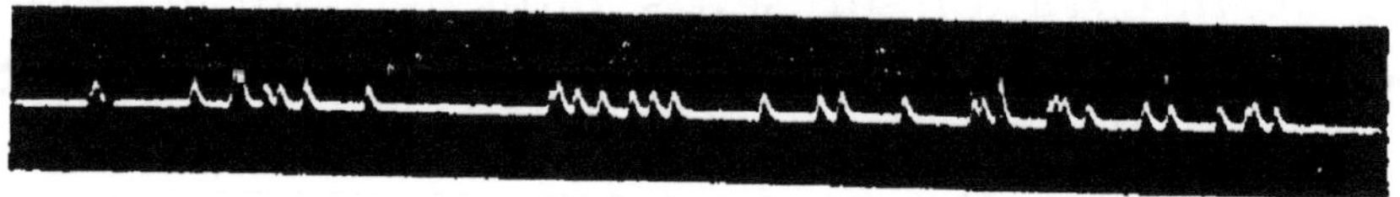

Fig. 13.

dégagé a été de 0,58 mm³. Cette première série donne pour N la valeur

$$65 . 10^{22}$$

en accord remarquable avec les valeurs déjà obtenues.

**117. — Nombre des atomes qui forment une masse connue de radium.** — Le nombre des projectiles émis donne aussi bien le nombre des atomes générateurs disparus que celui des atomes d'hélium apparus. Si donc on a un moyen de savoir quelle fraction d'atome-gramme du corps générateur a disparu, on aura immédiatement la masse de l'atome de ce corps, donc les autres grandeurs moléculaires.

On a tous les éléments du calcul dans le cas du radium, pour lequel nous connaissons l'atome-gramme $226^{gr},5$ et le débit $3,4.10^{10}$ en projectiles $\alpha$ par gramme. Cet atome-gramme émet donc par seconde $226,5.3,4.10^{10}$ projectiles $\alpha$.

---

1. Extraite (pour commodité de format) d'un travail postérieur de Geiger et Rutherford, où se trouve préparé par ce procédé un dénombrement de haute précision des projectiles du radium.

Nous savons d'autre part (*110*) que sur N atomes de radium, il en disparaît par seconde $N.1,09.10^{-11}$, et cela donne N par l'équation

$$226,5 \times 3,4.10^{10} = N.1,09.10^{-11},$$

d'où résulte, dans l'état actuel des mesures,

$$N = 71.10^{22}.$$

**118.** — **Énergie cinétique d'un projectile α.** — Si, comme c'est le cas pour le radium, on connaît l'énergie cinétique et la vitesse des projectiles α, on aura, encore d'une façon nouvelle, la masse de l'atome d'hélium et les grandeurs moléculaires.

L'énergie cinétique, à quelques centièmes près (relatifs aux rayons pénétrants β et γ), se confond avec la chaleur sans cesse dégagée (Curie). Soient $u_1$, $u_2$, $u_3$, $u_4$ les vitesses initiales (déterminées par Rutherford) pour les 4 séries de projectiles α émis par le radium en état de régime constant. On aura sensiblement, puisque le radium dégage 120 calories par gramme et par heure (3 600 secondes), et que la masse de 1 atome d'hélium est $\dfrac{4}{N}$,

$$\frac{1}{2}\,\frac{4}{N}\,3.4.10^{10}\,[u_1^2 + u_2^2 + u_3^2 + u_4^2] = \frac{110.4,18.10^7}{3\,600},$$

soit pour N une valeur voisine de $60.10^{22}$.

. Quant à l'énergie individuelle d'un projectile α, elle est de l'ordre du cent-millième d'erg.

# CONCLUSIONS

**119**. — **La convergence des déterminations**. — Parvenus au terme actuel de cette étude, si nous jetons un coup d'œil sur les divers phénomènes qui nous ont livré les grandeurs moléculaires, nous serons conduits à former le Tableau suivant :

| PHÉNOMÈNES OBSERVÉS | $\dfrac{N}{10^{22}}$ |
|---|---|
| Viscosité des gaz (équation de Van der Waals). | 62 |
| Mouvement brownien. — Répartition de grains | 68,3 |
| Mouvement brownien. — Déplacements . . . | 68,8 |
| Mouvement brownien. — Rotations . . . . . | 65 |
| Mouvement brownien. — Diffusion. . . . . . | 69 |
| Répartition irrégulière des molécules . . . — Opalescence critique | 75 |
| Répartition irrégulière des molécules . . . — Bleu du ciel . . . . | 60 (?) |
| Spectre du corps noir. . . . . . . . . . . | 64 |
| Charge de sphérules (dans un gaz) . . . . . | 68 |
| Radioactivité . . . . — Charges projetées . | 62,5 |
| Radioactivité . . . . — Hélium engendré. . | 64 |
| Radioactivité . . . . — Radium disparu . . | 71 |
| Radioactivité . . . . — Énergie rayonnée. . | 60 |

On est saisi d'admiration devant le miracle de concordances aussi précises à partir de phénomènes si différents. D'abord qu'on retrouve la même grandeur, pour chacune des méthodes, en variant autant que possible les conditions de son application, puis que les nombres ainsi définis sans ambiguïté par tant de méthodes coïncident, cela donne à la réalité moléculaire une vraisemblance bien voisine de la certitude.

Pourtant, et si fortement que s'impose l'existence des molécules ou des atomes, nous devons toujours être en état d'exprimer la réalité visible sans faire appel à des éléments encore invisibles. Et cela est en effet très facile. Il nous suffirait d'éliminer l'invariant N entre les 13 équations qui ont servi à le déterminer pour obtenir 12 équations où ne figurent plus que des réalités sensibles, qui expriment des connexions profondes entre des phénomènes de prime abord aussi complètement indépendants que la viscosité des gaz, le mouvement brownien, le bleu du ciel, le spectre du corps noir ou la radioactivité.

Par exemple, en éliminant les éléments moléculaires entre l'équation du rayonnement noir et l'équation de la diffusion par mouvement brownien, on trouvera tout de suite une relation qui permet de prévoir la vitesse de diffusion de sphérules de 1 micron dans de l'eau à la température ordinaire, si l'on a mesuré l'intensité de la lumière jaune dans le rayonnement issu de la bouche d'un four où se trouve du fer en fusion. En sorte que le physicien qui observe le four sera par là en état de relever une erreur dans les pointés microscopiques de celui qui observe l'émulsion ! Et ceci sans qu'il soit besoin de parler de molécules.

Mais, sous prétexte de rigueur, nous n'aurons pas la maladresse d'éviter l'intervention des éléments moléculaires dans l'énoncé des lois que nous n'aurions pas obtenues sans leur aide. Ce ne serait pas arracher un tuteur devenu inutile à une plante vivace, ce serait couper les racines qui la nourrissent et la font croître.

*<br>* *

La théorie atomique a triomphé. Nombreux encore naguère, ses adversaires enfin conquis renoncent l'un après l'autre aux défiances qui longtemps furent légitimes et sans doute utiles. C'est au sujet d'autres idées que se poursuivra désormais le conflit des instincts de prudence et d'audace dont l'équilibre est nécessaire au lent progrès de la science humaine.

Mais dans ce triomphe même, nous voyons s'évanouir ce que la théorie primitive avait de définitif et d'absolu. Les atomes ne sont pas ces éléments éternels et insécables dont l'irréductible simplicité donnait au Possible une borne, et, dans leur inimaginable petitesse, nous commençons à pressentir un fourmillement prodigieux de Mondes nouveaux. Ainsi l'astronome découvre, saisi de vertige, au delà des cieux familiers, au delà de ces gouffres d'ombre que la lumière met des millénaires à franchir, de pâles flocons perdus dans l'espace, Voies lactées démesurément lointaines dont la faible lueur nous révèle encore la palpitation ardente de millions d'Astres géants. La Nature déploie la même splendeur sans limites dans l'Atome ou dans la Nébuleuse, et tout moyen nouveau de connaissance la montre plus vaste et diverse, plus féconde, plus imprévue, plus belle, plus riche d'insondable Immensité.

⋑ 291 ⋐

# TABLE DES MATIÈRES

—



## CHAPITRE PREMIER

## LA THÉORIE ATOMIQUE ET LA CHIMIE



⇒ 293 ⇐

## Les solutions.



## Limite supérieure des grandeurs moléculaires.



# CHAPITRE II

# L'AGITATION MOLÉCULAIRE

## Vitesses des molécules.



## Rotations ou vibrations des molécules.



## Libre parcours moléculaire.



# CHAPITRE III

# MOUVEMENT BROWNIEN. — EMULSIONS

## Historique et caractères généraux.

ÉVREUX, IMPRIMERIE CH. HÉRISSEY, PAUL HÉRISSEY, SUCC<sup>r</sup>

www.ingramcontent.com/pod-product-compliance
Ingram Content Group UK Ltd.
Pitfield, Milton Keynes, MK11 3LW, UK
UKHW020726120726
13693UKWH00001B/195